大学计算机信息技术学习指导

（第 3 版）

主　编　魏建香
副主编　周　莉

东 南 大 学 出 版 社

·南京·

内 容 提 要

　　本书是为加强大学一年级学生对计算机信息技术理论知识的理解,提高计算机的实际应用能力,同时也为了使教师更好地把握教学内容,提高计算机信息技术公共课的教学水平,由教学经验丰富的教师精心编写而成。

　　本书共分三个部分,第一部分是理论学习指导,该部分内容将帮助学生加深对理论内容的理解,并通过习题进一步强化和巩固所学知识;第二部分是上机操作指导,该部分内容将对学生提高计算机的实际应用能力提供有效的帮助;第三部分是附录,其中附录1是理论学习指导部分的参考答案,附录2是上机操作指导部分的参考答案,附录3是主要参考资料。

　　本书可作为大学生学习"大学计算机信息技术"课程的辅导用书,也可供相关老师用做教学参考。

图书在版编目(CIP)数据

大学计算机信息技术学习指导/魏建香主编. —3 版.
南京:东南大学出版社,2012.8
　　ISBN 978 - 7 - 5641 - 3728 - 1

　　Ⅰ.①大… Ⅱ.①魏… Ⅲ.①电子计算机-高等学校-教学参考资料 Ⅳ.①TP3

　　中国版本图书馆 CIP 数据核字(2012)第 189407 号

出版发行:东南大学出版社
社　　址:南京四牌楼 2 号(邮编:210096)
出 版 人:江建中
责任编辑:吉雄飞
电　　话:025 - 83793169(办公室)
经　　销:全国各地新华书店
印　　刷:南京玉河印刷厂
开　　本:700mm×1000mm　1/16
印　　张:12.5
字　　数:245 千字
版　　次:2012 年 8 月第 3 版
印　　次:2012 年 8 月第 1 次印刷
书　　号:ISBN 978 - 7 - 5641 - 3728 - 1
定　　价:25.00 元

本社图书若有印装质量问题,请直接与营销部联系,电话:025 - 83791830。

前　言

　　江苏省是一个教育大省,计算机普及率高,这给江苏的高等学校计算机公共课教学提出了高要求。当前我省的计算机基础教育改革正处于一个重要的转折时期,即由大学作为计算机教育的起点开始过渡到以中小学作为普及信息技术教育的起点。既然在中小学都已开设"信息技术教育"课程,那么冠以"大学"的"信息技术教育"课程如何改革,如何体现大学信息技术教育的特点,如何与中小学信息技术教育相衔接,如何紧跟迅速发展的信息技术,构建适合我省的大学非计算机专业信息技术课程与教材体系,这些都是高校计算机基础教学课程改革的当务之急。虽然我省已在中小学开设了计算机信息技术课程,但由于我省大多数高校是面向全国招生,而我国各地区的教学水平存在较大差距,因此新生在入学时计算机水平参差不齐,这就给计算机公共课程的教学提出了较高的要求。如何适应这种形势,成为高等学校计算机公共基础教学中的一个重要课题。

　　为了帮助学生加强对信息技术理论知识的理解,同时也为了使教师更好地把握教学内容,提高计算机信息技术公共课的教学水平,我们组织了教学经验丰富的教师,精心编写了《大学计算机信息技术学习指导》一书。该书在8年的使用过程中得到了学生和教师的认可,但随着信息技术的不断发展,已经不适应教学的需要。应广大教师和学生的要求,我们两次组织了原有教师对其在内容和知识结构上进行了较大的修改,删除了原有的简答题,增加了判断题、选择题、填空题以及上机操作题的数量;针对 Office 2003 的操作环境,对附录 2 中上机操作参考答案进行了较大的修订;此外,我们还改正了原书中的少数错误。该书在再版后将更加能适应教与学的要求。

　　本教材在修订的过程中力求"以生为本、紧扣时代、精心编写",学习指导部分将帮助学生加深对理论内容的理解,习题部分进一步强化和巩固所学知识,上机操作部分将给学生上机操作提供有效的帮助。衷心希望本书能再次成为学生学习信息技术的"好帮手"和教师教学的"好参考"。

本书共分三个部分,第一部分是理论学习指导;第二部分是上机操作指导,其中上机操作实验素材可从邮箱 dxjsjxxjs@foxmail.com 中下载,登录密码:njrkxy;第三部分是附录,其中附录 1 是理论学习指导部分的参考答案,附录 2 是上机操作指导部分的参考答案,附录 3 是主要参考资料。全书由魏建香、周莉、朱云霞、付竞芝、梁志红、肖欣欣、闵兆娥、朱艳梅、崔红燕、薛景等同志编写,最后由魏建香负责统稿。

本书能够两次顺利改版,还要感谢东南大学出版社以及吉雄飞编辑的大力支持。

由于编者水平有限,书中难免有不当之处,敬请广大读者批评指正。

编者

2012 年 8 月

目　录

第一部分　理论学习指导

第二部分　上机操作指导

第三部分　附　录

第一部分

理论学习指导

1　信息技术概述

1.1　内容简介

　　本章介绍信息、信息技术、信息处理系统、信息化与社会化、数字技术和微电子技术等与信息技术相关的基本概念及内容。

1.2　基本概念

　　1. 信息：从客观事物立场看，信息是事物运动的状态及状态变化的方式；从认识立场看，信息是认识主体所感知或所表达的事物运动及其变化方式的形式、内容和效用。

　　2. 信息技术：用来扩展人们信息器官功能、协助人们进行信息处理的一类技术。

　　3. 信息处理系统：用于辅助人们进行信息获取、传递、存储、加工处理、控制及显示的综合使用各种信息技术的系统。

　　4. 信息化：利用现代信息技术对人类社会的信息和知识的生产与传播进行全面的改造，使人类社会生产体系的组织结构和经济结构发生全面变革的一个过程，也是一个推动人类社会从工业社会向信息社会转变的社会转型的过程。

　　5. 比特（bit）：位，用小写字母"b"表示，是计算机和其他系统处理、存储和传输信息的最小单位，它只有两种状态："0"或"1"。

　　6. 字节（byte）：用大写字母"B"表示，8 个比特为 1 个字节，可以存储一个数字、字母、标点或者半个汉字。

　　7. ASCII 码：即美国标准信息交换码。基本的 ASCII 码字符集共有 128 个字符，包括 96 个可打印字符和 32 个控制字符，每个字符使用 7 个二进位进行编码。

　　8. 集成电路：简称 IC，是以半导体单晶片作为材料，经平面工艺加工制造，将大量晶体管、电阻等元器件及互连线构成的电子线路集成在基片上，构成一个微型化的电路或系统。

1.3　学习指导

本章内容基本上是以介绍为主,主要要求学生掌握信息的基本概念,熟悉信息技术的基本内容,知道什么是信息系统,了解微电子技术在信息领域中的作用、意义和前景,掌握计算机中数据存储和传输的基本单位和数字表示的方法,懂得学习信息技术课程的重要性,清楚认识学习本课程的重要意义,为后续的学习奠定良好的基础。

1.3.1　重点

1. 信息处理的过程

2. 现代信息技术的特征:以数字技术为基础,以计算机及其软件为核心,采用电子技术(包括激光技术)进行信息的收集、传递、加工、存储、显示与控制,包括通信、广播、计算机、微电子、遥感遥测、自动控制、机器人等诸多领域。

3. 信息在计算机中的表示:计算机可以处理数值、文字、图形、声音、命令和程序等各种信息,这些信息在计算机内部都是用比特(二进位)来表示的。

4. 进制的基本概念:二进制、八进制、十进制、十六进制以及各种进制之间的转换。

5. 比特的运算:最基本的逻辑运算有逻辑加、逻辑乘以及取反。

1.3.2　难点

1. 进制转换。
2. 整数、实数、文字符号以及图像等信息在计算机中的表示方法。

1.3.3　教学建议

建议理论教学 4 课时,教师在授课时可补充一些最前沿的信息技术,介绍我国与世界发达国家在信息领域的差距,增强学生的社会责任感,提高学生学习的兴趣。

1.4 习题

1.4.1 判断题

1. 信息处理过程就是人们传递信息的过程。 （　　）

2. 基本的信息技术应该包括感测（获取）与识别技术、通信技术、计算（处理）与存储技术、控制与显示技术。 （　　）

3. 集成电路按它包含的晶体管数目可以分成五大部分，其中集成程度在100～3000 个电子元件的集成电路是大规模集成电路(LSI)。 （　　）

4. 集成电路根据它所包含的晶体管数目可以分为小规模、中规模、大规模、超大规模和极大规模集成电路。 （　　）

5. 集成电路芯片是计算机的核心，它的特点是体积小、重量轻、可靠性高，其工作速度与门电路的晶体管的尺寸无关。 （　　）

6. 信息系统的感测与识别技术可用于替代人的感觉器官功能，但不能增强人的信息感知的范围和精度。 （　　）

7. 微型计算机中使用最普遍的西文字符编码是 ASCII 码。 （　　）

8. 标准 ASCII 码是 8 位的编码。 （　　）

9. 标准 ASCII 字符集有 256 个不同的字符。 （　　）

10. 信息技术是指用来取代人的信息器官功能，代替人们进行信息处理的一类技术。 （　　）

11. 带符号的整数，其符号位一般在最低位。 （　　）

12. 信息是指认识主体所感知或所表述的事物运动及其变化方式的形式、内容和效用。 （　　）

13. 信息是人们认识世界和改造世界的一种基本资源。 （　　）

14. 接触式 IC 卡多用于存储容量小、读写操作比较简单的场合。 （　　）

15. 手机中使用的 SIM 卡是一种特殊的 CPU 卡，它不但存储了用户的身份信息，而且可以将电话号码、短信息等也存储在卡上。 （　　）

16. 集成电路的核心是微电子技术。 （　　）

17. 中、小规模集成电路一般以简单的门电路或单级放大器为集成对象。 （　　）

18. 大规模集成电路以功能部件、子系统为集成对象。 （　　）

19. 采用数字技术实现信息处理是电子信息技术的发展趋势。 （　　）

20. 集成电路按用途可以分为通用型与专用型，存储器芯片属于专用集成电路。

21. 30 多年来,集成电路技术的发展大体遵循着单块集成电路的集成度平均每 24～36 个月翻一番,这就是有名的 Moore 定律。　　　　　　　　　　（　　）

22. 计算机内部数据的运算可以采用二进制、八进制或十六进制。　　（　　）

23. 集成度(单个集成电路所含电子元件的数目)小于 1000 的集成电路称为小规模集成电路(SSI)。　　　　　　　　　　　　　　　　　　　　（　　）

24. 电视/广播系统是一种单向的、点到多点(面)的、以信息交互为主要目的的系统。　　　　　　　　　　　　　　　　　　　　　　　　　　　（　　）

25. 电话是一种双向的、点到点的、以信息传递为主要目的的系统。　（　　）

26. 采用补码形式,减法可以化为加法进行。　　　　　　　　　　　（　　）

27. 信息化的概念起源于美国。　　　　　　　　　　　　　　　　　（　　）

28. 比特是计算机和其他数字系统处理、存储和传输信息的最小单位,一般用小写的字母"b"表示。　　　　　　　　　　　　　　　　　　　　　（　　）

29. 一个触发器可以存储 1 个比特,一组触发器可以存储 1 组比特,它们称为"存储器"。　　　　　　　　　　　　　　　　　　　　　　　　　　（　　）

30. 现代集成电路使用的半导体材料主要是硅,也可以是化合物半导体,如砷化镓等。　　　　　　　　　　　　　　　　　　　　　　　　　　　（　　）

1.4.2　选择题

1. 信息加工是指 _____ 。
   A. 测量和识别　　　　　　　　　　B. 感知与输入
   C. 计算与检索　　　　　　　　　　D. 控制与显示

2. 下列关于比特的叙述中,错误的是 _____ 。
   A. 比特是组成数字信息的最小单位
   B. 比特可以表示文字、图像等多种不同形式的信息
   C. 比特没有颜色,但有大小
   D. 表示比特需要使用具有两个状态的物理器件

3. 集成电路是微电子技术的核心,它分类的标准有很多种,其中通用集成电路和专用集成电路是按照 _____ 来分类的。
   A. 集成电路包含的晶体管的数目　　B. 晶体管结构、电路和工艺
   C. 集成电路的功能　　　　　　　　D. 集成电路的用途

4. 集成电路具有体积小、重量轻、可靠性高的特点,其工作速度主要取决于 _____ 。
   A. 晶体管的数目　　　　　　　　　B. 逻辑门电路的大小
   C. 组成逻辑门电路的晶体管的尺寸　D. 集成电路的质量

5. 集成电路可以根据它包含晶体管的数目进行分类,其中大规模集成电路的

集成度为＿＿＿＿个电子元件。

A. 小于 100   B. 100～3000

C. 3000～10 万   D. 10 万～100 万

6. 一个西文字符的标准 ASCII 码是＿＿＿＿位的编码。

A. 7   B. 8   C. 16   D. 32

7. 下列四个选项中，按照其 ASCII 码值从小到大排列的是＿＿＿＿。

A. 数字、英文大写字母、英文小写字母

B. 数字、英文小写字母、英文大写字母

C. 英文大写字母、英文小写字母、数字

D. 英文小写字母、英文大写字母、数字

8. ASCII 码中除了 96 个可打印字符外，还有＿＿＿＿个控制字符。

A. 7   B. 8   C. 16   D. 32

9. 下列 4 个不同进位制的数中最大的数是＿＿＿＿。

A. 73.5   B. $(1001101.01)_2$ C. $(115.1)_8$ D. $(4C.4)_H$

10. 计算机在进行算术和逻辑运算时，运算结果可能产生溢出的是＿＿＿＿。

A. 两个数作"逻辑加"操作   B. 两个数作"逻辑乘"操作

C. 两个异号的数作"算术减"操作   D. 对一个数作按位"取反"操作

11. 英文字母"A"的十进制 ASCII 值为 65，则英文字母"Q"的十六进制 ASCII
值为＿＿＿＿。

A. $(51)_H$ B. $(81)_H$ C. $(73)_H$ D. $(94)_H$

12. 若 A＝1010，B＝1000，A 与 B 运算的结果是 1010，则其运算一定是
＿＿＿＿。

A. 算术加   B. 算术减   C. 逻辑加   D. 逻辑乘

13. 采用某种进位制时，如果 4×6＝18，那么 5×7＝＿＿＿＿。

A. 23   B. 35   C. 25   D. 29

14. 在计算机中，1 个字节是由＿＿＿＿个二进制位组成的。

A. 8   B. 2   C. 16   D. 4

15. 计算机中数据的表示形式是＿＿＿＿。

A. 八进制   B. 十六进制   C. 十进制   D. 二进制

16. 在计算机中，通常用英文单词"byte"来表示＿＿＿＿。

A. 比特   B. 字长   C. 二进制位   D. 字节

17. 下列 4 个十进制的整数中，能用 8 个二进制位表示的是＿＿＿＿。

A. 257   B. 201   C. 312   D. 296

18. 下列 4 个不同进位制的数中，数值最大的是＿＿＿＿。

A. $(1011000)_2$ B. $(160)_8$ C. $(7D)_H$ D. $(88)_{10}$

19. 6 位无符号二进制数能表示的最大十进制整数是＿＿＿＿。

　　A. 63　　　　　　　B. 64　　　　　　　C. 128　　　　　　　D. 127

20. 计算机中 1K 字节表示的二进制位数是 ＿＿＿＿。

　　A. 1000　　　　　　B. 8×1000　　　　　C. 8×1024　　　　　D. 1024

21. 与十进制数 254 等值的二进制数是＿＿＿＿。

　　A. $(11111110)_2$　　　　　　　　　B. $(11101111)_2$

　　C. $(11111011)_2$　　　　　　　　　D. $(10111110)_2$

22. 与十六进制数 $(BC)_H$ 等值的二进制数是＿＿＿＿。

　　A. $(11001101)_2$　　　　　　　　　B. $(10011100)_2$

　　C. $(10111101)_2$　　　　　　　　　D. $(10111100)_2$

23. 若不考虑溢出的情况,在一个非零无符号二进制整数右边加两个"0"形成一个新的数,则新数的值是原数值的＿＿＿＿。

　　A. 四倍　　　　　　B. 二倍　　　　　　C. 四分之一　　　　D. 二分之一

24. 在计算机中采用二进制,是因为＿＿＿＿。

　　A. 二进位不仅能表示数值信息,而且能表示文字、符号、图像、声音等多种
　　　　信息

　　B. 制造双稳态的电路比较容易

　　C. 二进制的运算法则很简单

　　D. A、B 和 C 均对

25. 下列各数中最大的是＿＿＿＿。

　　A. $(11010110.0101)_2$　　　　　　B. 214.32

　　C. $(326.25)_8$　　　　　　　　　　D. $(D6.53)_H$

26. 十进制数—34 的补码是＿＿＿＿。

　　A. $(11010010)_2$　　　　　　　　　B. $(10101101)_2$

　　C. $(11011010)_2$　　　　　　　　　D. $(11011110)_2$

27. 最大的 10 位无符号二进制整数转换成八进制数是＿＿＿＿。

　　A. $(1023)_8$　　　　　　　　　　　B. $(1777)_8$

　　C. $(1000)_8$　　　　　　　　　　　D. $(1024)_8$

28. 5 个比特的编码可以表示＿＿＿＿种不同的状态。

　　A. 5　　　　　　　　B. 10　　　　　　　C. 25　　　　　　　D. 32

29. "两个条件只需满足一个的情况下结论即可成立"相对应的逻辑运算是＿＿＿＿运算。

　　A. 加法　　　　　　B. 逻辑加　　　　　C. 逻辑乘　　　　　D. 取反

30. 下列字符中,ASCII 码值最小的是＿＿＿＿。

　　A. a　　　　　　　　B. B　　　　　　　　C. x　　　　　　　　D. Y

31. 下列字符中,ASCII 码值最大的是_____。

A. 9   B. D   C. a   D. y

32. 已知字母"C"的十进制 ASCII 码为67,则字母"G"的 ASCII 码的二进制值为_____。

A. (01111000)$_2$ B. (01000111)$_2$

C. (01011000)$_2$ D. (01000011)$_2$

33. 下面的符号中,_____一般不用来作为逻辑运算符。

A. AND   B. NOT   C. NO   D. OR

34. 对两个一位的二进制数 1 与 1 分别进行算术加、逻辑加运算,其结果用二进制形式分别表示为_____。

A. 1,10   B. 1,1   C. 10,1   D. 10,10

35. 二进制数 10111000 和 11001010 进行逻辑"与"运算,结果再与 10100110 进行"或"运算,最终结果的十六进制形式为_____。

A. A2   B. DE   C. AE   D. 95

36. 若表达式为 11001010 ∨ 00001001,其结果为_____。

A. 00001000   B. 11000001   C. 00001001   D. 11001011

37. 下面的叙述中错误的是_____。

A. 现代信息技术采用电子技术、激光技术进行信息的收集、传递、加工、存储、显示与控制

B. 现代集成电路使用的半导体材料主要是硅

C. 集成电路的工作速度主要取决于组成逻辑门电路的晶体管数量

D. 当前集成电路的基本线宽已经达到几十纳米的水平

38. 数据通信中数据传输速率是最重要的性能指标之一,是指单位时间内传送的二进位数目,计量单位 Mb/s 的正确含义是_____。

A. 每秒兆位   B. 每秒百兆位

C. 每秒千兆位   D. 每秒百万位

39. 信息高速公路是指_____。

A. Internet   B. 国家信息基础结构

C. 智能化高速公路建设   D. 高速公路的信息化建设

40. 二进制数 10111000 和 11001010 进行逻辑"与"运算,其结果为_____。

A. 01110010   B. 10001000

C. 01111000   D. 10000010

41. 二进制数 10001000 与 10100110 进行逻辑"或"运算,其结果的十六进制形式为_____。

A. A2   B. DE   C. AE   D. 95

42. 表达式$(11001010)_2 + (00001001)_2$做无符号二进制加法,其结果为_____。

　　A. 11001011　　　　B. 11010101　　　　C. 11010011　　　　D. 11001101

43. 表达式$(11001010)_2 - (00001001)_2$做无符号二进制减法,其结果为_____。

　　A. 11010011　　　　B. 11000001　　　　C. 11001011　　　　D. 11000011

44. 根据两个一位二进制数的加法运算规则,其和为1的是_____。

　　A. 这两个二进制数都为1　　　　　　B. 这两个二进制数都为0

　　C. 这两个二进制数不相等　　　　　　D. 这两个二进制数相等

45. 根据两个一位二进制数的加法运算规则,其进位为1的是_____。

　　A. 这两个二进制数都为1　　　　　　B. 这两个二进制数中只有一个1

　　C. 这两个二进制数中没有1　　　　　D. 这两个二进制数不相等

46. 存储容量的单位有多种,下面_____不是存储容量的单位。

　　A. XB　　　　　　B. KB　　　　　　C. MB　　　　　　D. GB

47. 数据传输速率的单位不包括_____。

　　A. Kbps　　　　　B. KBps　　　　　C. Mbps　　　　　D. Gbps

48. 在集成电路的制造过程中,每一硅抛光片上可制作出成百上千个独立的集成电路,这种整整齐齐排满了集成电路的硅片称作_____。

　　A. 晶圆　　　　　　B. 芯片　　　　　　C. 晶片　　　　　　D. IC卡

49. 第二代身份证所使用的集成电路芯片由下面4个部分组成,其中_____是芯片的关键,保证了信息的防伪性和唯一性。

　　A. 射频天线　　　　B. 存储模块　　　　C. 加密模块　　　　D. 控制模块

50. 下面4个数字中,与其他3个大小不同的数是_____。

　　A. $(125)_{10}$　　　　B. $(1111101)_2$　　　　C. $(175)_8$　　　　D. $(7C)_{16}$

1.4.3　填空题

1. x的补码是1101,y的补码是0010,则x−y的值的补码为_____。(x和y都是用4位二进制表示的有符号数)

2. 在补码表示法中,整数"0"有_____种表示形式。

3. 有一个字节的二进制编码为11111111,如将其作为带符号整数的补码,它所表示的整数值为_____。

4. 十进制数"−29"使用8位(包括符号位)补码表示时,其二进制编码形式为_____。

5. 用4个二进位表示无符号整数,可表示的十进制整数的范围是_____。

6. 11位补码可表示的整数的数值范围是_____~1023。

7. 在描述数据传输速率时常用的度量单位 kb/s 是 b/s 的_____倍。

8. 最基本的逻辑运算有三种,即逻辑加、逻辑乘以及_____。

9. 二进制数 10011001 与 00101010 的和是_____。

10. 一个非零的无符号二进制整数,若在其右边末尾加上三个"0"形成一个新的无符号二进制整数,如果不考虑溢出,则新的数是原来数的_____倍。

11. 与十进制数 677 相等的十六进制数是_____。

12. 已知 X=11011011,Y=00101100,则 Y∨X=_____。

13. 与十进制数 255 等值的八进制数是_____。

14. 目前计算机中使用得最广泛的西文字符集及其编码是_____。

15. 基本的 ASCII 字符集共有_____个字符。

16. 现代信息技术的主要特征是以_____为基础,以计算机及其软件为核心,采用电子技术(包括激光技术)进行信息的收集、传递、加工、存储、显示与控制。

17. 在计算机中一般用一个字节来存放一个 ASCII 码,多出来的一位通常保持为"0",在数据传输时用作_____位。

18. 计算机中的整数分为两类,其中既可以表示正整数又可以表示负整数的是_____。

19. 使用集成电路制成的触发器工作速度极快,其工作频率可达到_____的水平。

20. 大写字母"A"的 ASCII 码为十进制数 65,ASCII 码为十进制数 68 的字母是_____。

2　计算机组成原理

2.1　内容简介

　　作为现代信息技术中最为重要的工具——计算机,本章介绍了它的基本的组成原理。主要内容包括:计算机硬件的组成与分类;CPU 的结构与原理;PC 机各个组成部分(主板、芯片组与 BIOS、内存储器、I/O 总线与 I/O 接口),以及各个部件的功能及工作的原理;常用的输入设备(键盘、鼠标、笔输入设备、扫描仪、数码相机);常用的输出设备(显示器、打印机);外存储器(软盘、硬盘和光盘)。

2.2　基本概念

　　1. 计算机硬件:是指计算机系统中所有实际物理装置的总称。

　　2. 微处理器:指使用单片大规模集成电路制成的、具有运算和控制功能的处理器。

　　3. 运算器:CPU 的组成部分之一,负责对数据进行各种算术运算和逻辑运算,也称为执行单元。

　　4. 指令:是一种使用二进制表示的机器语言,它用来规定计算机执行什么操作及操作对象所在的位置,通常由操作码和操作数地址组成。

　　5. 操作码:用来指出计算机应执行何种操作的一个命令词,每一种操作均有各自的代码。

　　6. 操作数地址:指出该指令所操作(处理)的数据或数据所在存储单元的地址。

　　7. BIOS:即基本输入/输出系统,是存放在主板上只读存储器(ROM)芯片中的一组机器语言程序,具有启动计算机工作、诊断计算机故障及控制低级输入输出的功能。

　　8. 总线:指计算机各部件之间传输信息的一组公用的信号线。

　　9. 芯片组:是 PC 机各组成部分相互连接和通信的枢纽,一般由两块超大规模集成电路组成,即北桥芯片和南桥芯片。

2.3 学习指导

本章是很重要的一章,要求学生掌握计算机硬件的基本组成及工作原理,深入了解计算机内部的组成结构。虽然大部分学生会使用计算机,但对于计算机的硬件构成并不太熟悉,理论学习会存在一定的困难。学习本章的具体要求:掌握计算机系统的组成,掌握计算机硬件的主要组成部分(物理结构和逻辑结构),了解计算机分类的方式和计算机的分类与用途,了解微处理器的功能、性能指标、应用和发展历史,了解 CPU 的结构、原理和性能指标,掌握指令对于 CPU 的作用并理解指令的大体执行过程,熟悉 PC 机的物理组成,并掌握各硬件之间的联系,了解 I/O 总线、I/O 控制器、I/O 端口、I/O 设备的类型和常用 I/O 设备使用 I/O 端口的情况,了解 Cache 和主存储器的功能,掌握常用的输入/输出设备的功能,了解其结构、原理和性能指标,了解磁盘、光盘的类型、结构和工作原理。

2.3.1 重点

1. 计算机系统的组成

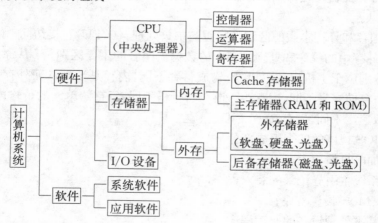

2. 硬件与软件的关系

计算机硬件与计算机软件是计算机系统中不可分割的一个整体。只有硬件而没有软件的计算机是没有任何用处的裸机;只有软件而没有硬件的支持也只是无意义的纸上程序。硬件是计算机的物理基础,软件是计算机的思想灵魂。计算机硬件与计算机软件之间是相互依存、相互融合、相互促进、共同发展的关系。

3. CPU 的概念及三个组成部分

负责对输入信息进行各种处理(如计算、排序、分类、检索等)的部件称为"处理器",承担系统软件和应用软件运行任务的处理器称为"中央处理器",即 CPU。

CPU 由运算器、控制器和寄存器组成。

4. CPU 的主要性能指标

（1）字长（位数）；

（2）主频（CPU 时钟频率）；

（3）CPU 总线速度；

（4）高速缓存（Cache）的容量和结构；

（5）指令系统；

（6）逻辑结构。

5. 内存的概念：内存由称为存储器芯片的半导体集成电路组成，与 CPU 直接相连，用来存放正在运行的程序和需要立即处理的数据。

6. ROM 和 RAM

（1）ROM（Read Only Memory）：只读存储器或非易失性存储器，断电后数据不会丢失；

（2）RAM（Random Access Memory）：随机存储器，断电后数据完全丢失。

7. 外存（辅存）的基本概念及与内存的区别与联系

（1）外存储器也称为辅助存储器，存储容量大，能长期保存计算机系统中几乎所有的信息。

（2）内存和外存本质的区别是能否被中央处理器（CPU）直接访问。CPU 不能直接执行外存中的程序和处理外存中的数据。两者的主要区别是：从原理上讲位置不同，分别位于主机内和主机外；构成材料不同，内存是半导体而外存是磁介质（光介质）；存储容量不同，内存小，外存大；价格不同，每存储单元的价格内存高，外存低；存取速度不同，内存高，外存低。

8. BIOS 程序的四个组成部分

（1）加电自检程序；

（2）系统主引导记录的装入程序；

（3）CMOS 设置程序；

（4）基本外围设备的驱动程序。

9. 总线（bus）：指计算机各部件之间传输信息的一组公用的信号线及相关控制电路。

10. I/O 总线上的三类信号：数据信号、地址信号和控制信号。

11. 总线带宽：单位时间内总线上可传送的数据量，其计算公式为

$$总线带宽（MB/s）＝（数据线宽度/8）×总线工作频率（MHz）$$
$$×每个总线周期的传输次数$$

12. 常用的输入、输出设备

（1）输入设备：键盘、鼠标、笔输入设备、扫描仪和数码相机等；

(2) 输出设备：显示器、打印机、绘图仪等。

13. 硬盘的结构：由磁盘盘片(存储介质)、主轴与主轴电机、移动臂、磁头和控制电路等组成。

14. 硬盘的主要性能指标

(1) 容量(单位 GB)；

(2) 平均存取时间；

(3) 缓存容量；

(4) 数据传输速率。

15. 使用硬盘的注意事项

(1) 对硬盘读写时不要断电；

(2) 注意防尘和防高温以及潮湿和磁场的影响；

(3) 防止硬盘震动；

(4) 及时对硬盘进行整理；

(5) 防病毒。

2.3.2 难点

1. CPU 的工作原理和指令的执行过程。

2. 芯片组。

3. I/O 总线、I/O 控制器、I/O 接口及 I/O 设备的功能与相互关系。

2.3.3 教学建议

建议理论教学 6 课时，并使用多媒体教学，通过实物图片，让学生对计算机的各种硬件有一个感性的认识。在讲解计算机系统时，软件与硬件的基本组成要一起给出，以帮助学生对计算机系统有一个总体的印象。强调硬件与软件的关系，为学习教材的第 3 章奠定基础。对各个部件的功能及相互关系要重点介绍。补充最新计算机配置信息及市场行情，使学生能学会挑选适合自己使用的计算机，达到学以致用的目的。

2.4 习题

2.4.1 判断题

1. 计算机与外界联系和沟通的桥梁就是指 INPUT/OUTPUT 设备，即 I/O 设备。 (   )

2. 计算机唯一识别的"语言"只是机器指令，所有类型的 CPU 都使用相同的

指令。　　　　　　　　　　　　　　　　　　　　　　　　　　　　　（　　）

　　3. 目前通用的 PC 机内部包含的核心部件有 CPU、内存、总线、I/O 控制器、辅存等。　　　　　　　　　　　　　　　　　　　　　　　　　　　　　　（　　）

　　4. PC 机主板上有一个集成电路芯片是 CMOS 存储器，主要存放着计算机硬件工作时所设置的一些参数，这个存储器是非易失性存储器。　　　　　　（　　）

　　5. PC 机主板上都有一芯片组，它的主要功能是实现主板上所有控制功能。

　　　　　　　　　　　　　　　　　　　　　　　　　　　　　　　　　（　　）

　　6. BIOS 是基本输入/输出系统，它是存放在主板上的 RAM 芯片中的一组机器语言程序。　　　　　　　　　　　　　　　　　　　　　　　　　　　（　　）

　　7. PC 机的启动过程是当接通电源后，系统首先执行自举程序，后再自检机器的硬件是否有故障，若无故障则装入引导程序，由引导程序装入操作系统。（　　）

　　8. 在 PC 机中实现硬盘与主存之间进行数据传输的主要控制部件是中断控制器。　　　　　　　　　　　　　　　　　　　　　　　　　　　　　　　（　　）

　　9. USB 接口是一种高速的数据接口，使用 4 线连接器，它是一种并行接口。

　　　　　　　　　　　　　　　　　　　　　　　　　　　　　　　　　（　　）

　　10. 总线带宽的计算公式如下所示：总线带宽（MB/s）＝数据线宽度×总线工作频率（MHz）×每个总线周期的传输次数。　　　　　　　　　　　　（　　）

　　11. 为了提高 CPU 访问硬盘的工作效率，硬盘通过将数据存储在一个比其速度快得多的缓冲区来提高与 CPU 交换的速度，这个区就是高速缓冲区，它是由DRAM 芯片构成的。　　　　　　　　　　　　　　　　　　　　　　（　　）

　　12. 有些 PC 机使用 AMD 或 Cyrix 公司的处理器，它们与 Pentium 的指令系统一致，因此这些 PC 机相互兼容。　　　　　　　　　　　　　　　　（　　）

　　13. 为了解决软件兼容问题，通常采用"向下兼容方式"来开发新的处理器，即在新处理器中保留老处理器的所有指令，同时扩充功能更强的新指令。　（　　）

　　14. Flash ROM（闪存）是一种新型的易失性存储器，但又像 RAM 一样能方便地写入信息。　　　　　　　　　　　　　　　　　　　　　　　　　　（　　）

　　15. 磁盘、光盘等外存储器的操作与控制过程与 I/O 设备完全相同，因此，从这个意义上来讲，外存储器的读写操作也称为 I/O 操作。　　　　　　（　　）

　　16. 多数 I/O 设备在操作过程中包含机械动作，为了匹配它与 CPU 的速度，I/O 操作与 CPU 的数据处理操作往往是串行进行的。　　　　　　　　（　　）

　　17. 因为通过 USB 接口，主机可向外设提供电源（＋5 V，100～500 mA），所以一些带有 USB 的设备如手机可利用主机充电。　　　　　　　　　　（　　）

　　18. 常用的 I/O 端口有并行口、串行口、视频口、USB 口等，因为都是 I/O 端口，所以它们的结构和信号交换过程全部相同。　　　　　　　　　　（　　）

　　19. CPU 中的控制器用于对数据进行各种算术运算和逻辑运算。　　（　　）

20. 针式打印机只能打印汉字和 ASCII 字符,不能打印图案。　　　　（　　）

21. 将字符信息输入计算机的方法中,目前使用最普遍的是笔输入设备。（　　）

22. 正常情况下,外存储器中存储的信息在断电后不会丢失。　　　　（　　）

23. 计算机的字长越长,意味着其运算速度越快,但并不代表它有更大的寻址空间。　　　　　　　　　　　　　　　　　　　　　　　　　　　　（　　）

24. 虚拟存储系统能够为用户程序提供一个容量很大的虚拟地址空间,其大小受到内存实际容量大小的限制。　　　　　　　　　　　　　　　　　（　　）

25. 存储器分为内存和外存。存取速度快,容量相对大,成本相对高的称之为内存;存取速度慢,容量相对小,成本相对低的称之为外存。　　　　（　　）

26. PC 机常用的输入设备为键盘、鼠标器等,常用的输出设备有显示器、打印机等。　　　　　　　　　　　　　　　　　　　　　　　　　　　　　（　　）

27. RAM 按工作原理的不同可分为 DRAM 和 SRAM,并且 DRAM 的工作速度比 SRAM 的速度快。　　　　　　　　　　　　　　　　　　　　　（　　）

28. 分辨率是数码相机的主要性能指标,分辨率的高低取决于相机中的 CCD 芯片上像素的多少,像素越多分辨率越高。　　　　　　　　　　　　（　　）

29. 打印机可分为击打式和非击打式,其中针式打印机和喷墨打印机属于击打式打印机,激光打印机属于非击打式打印机。　　　　　　　　　　（　　）

30. 显示屏的尺寸是显示器的主要参数之一,目前常用的显示器有 15 英寸、17 英寸、19 英寸和 21 英寸等,传统显示屏的宽度与高度之比一般为 4：3。（　　）

2.4.2　选择题

1. 计算机的分类有多种,按性能、价格、用途可分为以下四种,通常我们用的是_____。

A. 小型计算机　　　　　　　　　B. 大型计算机
C. 微型计算机　　　　　　　　　D. 巨型计算机

2. 一台计算机中往往有多个处理器,它们各有其不同任务,其中承担系统软件和应用软件运行任务的称之为_____。

A. 主存储器　　　　　　　　　　B. 寄存器
C. 中央处理器　　　　　　　　　D. 辅助存储器

3. 通常我们在军事、科研、气象、石油勘探上使用的计算机是_____。

A. 小型计算机　　　　　　　　　B. 大型计算机
C. 微型计算机　　　　　　　　　D. 巨型计算机

4. 用来存放正在运行的程序和需要立即处理的数据的是_____。

A. 外存储器　　　B. 中央处理器　　　C. 内存储器　　　D. Cache

5. 近十年来,微处理器和 PC 机又有了许多新发展,如果我们现在配置一台主流的 PC 机,可能采用的微处理器为_____。

  A. Pentium MMX   B. 酷睿 i7

  C. 赛扬双核   D. Pentium Ⅳ

  6. 自举程序在搜索引导程序时的顺序是_____。

  A. 先 C 盘,再软盘,最后 CD - ROM

  B. 按 CMOS 中设置的顺序搜索

  C. 先软盘,再 C 盘,最后 CD - ROM

  D. 先 CD - ROM,再 C 盘,最后是软盘

  7. 在微电子技术的发展和应用需求的推动下,计算机发展速度非常快。下面说法错误的是_____。

  A. 速度大大提高,功能增强

  B. 体积增大,成本降低

  C. 近 20 年,发展到几乎每 3 年计算机的性能就提高近 4 倍

  D. 主要元器件越来越多的采用大规模和超大规模集成电路

  8. 从逻辑上说,组成计算机硬件的是_____。

  A. 中央处理器、外存储器、输入/输出设备

  B. 中央处理器、内储器、输入/输出设备

  C. 内存储器、中央处理器、外存储器

  D. 中央处理器、内储器、外存储器、输入/输出设备

  9. 总线最重要的性能是它的数据传输率,也称为总线的带宽,其计算公式为_____。

  A. 总线带宽(MB/s)=数据线宽度×总线工作频率(MHz)×每个总线周期的传输次数

  B. 总线带宽(MB/s)=(数据线宽度/8)×总线工作频率(MHz)×每个总线周期的传输次数

  C. 总线带宽(MB/s)=数据线频率×总线工作频率(MHz)×每个总线周期的传输次数

  D. 总线带宽(MB/s)=(数据线宽度/2)×总线工作频率(MHz)×每个总线周期的传输次数

  10. 由于网络的普及,许多计算机应用系统都设计成基于计算机网络的客户机/服务器模式,客户机直接面向用户,通过互联网与服务器共同合作完成任务。下列可作为客户机使用的是_____。

  A. 巨型机、大型机   B. PC 机、小型机

  C. PC 机、工作站   D. 小型机、工作站

  11. PC 机中可以连接许多不同的 I/O 设备,同一种 I/O 设备可以连接在不同

的 I/O 端口上,鼠标和 PC 机相连可采用 _____。

A. 串行口、USB 口、PS/2 　　　　　　B. 并行口、PS/2 口、USB 口

C. 串行口、并行口、SCSI　　　　　　　D. USB 口、PS/2 口、SCSI

12. 以下选项中,与 CPU 性能有关的是 _____。

① 字长; ② 主频; ③ CPU 总线速度; ④ 高速缓存的容量与结构;

⑤ 指令系统; ⑥ 运算器的逻辑结构。

A. ①②　　　　　　　　　　　　　　B. ①②⑤

C. ①②③④　　　　　　　　　　　　D. ①②③④⑤⑥

13. 为了提高效率,处理器中包含了几十个用来临时存放中间结果的是 _____。

A. 运算器　　　　　B. 控制器　　　　　C. 寄存器　　　　　D. Cache

14. CPU 的速度比内存要快很多,为了匹配两者的速度,在 CPU 中增加了 _____。

A. 运算部件　　　　B. Cache　　　　　C. 控制器　　　　　D. 主存储器

15. CPU 的指挥中心是 _____。

A. 寄存器　　　　　B. 控制器　　　　　C. 存储器　　　　　D. 运算器

16. CPU 主要由三部分组成,它们是 _____。

A. 运算器、处理器、寄存器　　　　　　B. 处理器、运算器、控制器

C. 运算器、控制器、寄存器　　　　　　D. 控制器、寄存器、处理器

17. CPU 执行每一条指令都需要分成若干步,每一步完成一个操作。下列指令执行过程正确的是 _____。

A. 指令译码、指令预取、执行运算、地址计算、回送结果

B. 指令预取、指令译码、地址计算、执行运算、回送结果

C. 指令预取、地址计算、指令译码、执行运算、回送结果

D. 指令预取、指令译码、执行运算、地址计算、回送结果

18. 下列关于指令的说法中,错误的是 _____。

A. 每一种不同类型的 CPU 都有自己独特的一组指令

B. 指令是用来规定计算机执行什么操作

C. 指令是构成程序的基本单位,它采用二进制位表示

D. 指令由操作码和操作符组成

19. 下列关于指令系统的叙述中,正确的是 _____。

A. 用于解决某一问题的一个指令序列称为指令系统

B. CPU 所能执行的全部指令称为该 CPU 的指令系统

C. 不同类型的 CPU,其指令系统完全相同

D. 不同类型的 CPU,其指令系统完全不同

20. Pentium Ⅲ指令系统中的指令编写的程序一定可以运行在以_____为 CPU 的 PC 上。

    A. Pentium   B. 80486   C. Pentium Pro   D. Pentium Ⅳ

21. 使用的耗材成本低,能多层套打,在打印存折和票据方面具有独特优势的是_____。

    A. 热喷墨打印机   B. 压电喷墨打印机

    C. 针式打印机   D. 激光打印机

22. 下列选项中,错误的是_____。

    A. ROM 是只读存储器,能够永久或半永久地保存数据

    B. CPU 不能直接读写外存中存储的数据

    C. 硬盘通常安装在主机箱内,所以硬盘属于内存

    D. 任何存储器都有记忆能力,其中有些存储器的信息永远不会丢失

23. 目前,硬盘的缓存容量可达到_____以上。

    A. 2 MB   B. 4 MB   C. 6 MB   D. 8 MB

24. 20 世纪四五十年代的第一代计算机主要应用于_____领域。

    A. 数据处理   B. 工业控制

    C. 人工智能   D. 科学计算

25. 计算机工作时,键盘、硬盘和显示器等设备都要参与工作,与之相适配的驱动程序都必须预先存放在_____。

    A. 内存   B. Cache

    C. BIOS ROM   D. 硬盘

26. 移动存储器有多种,目前已经不常使用的是_____。

    A. U 盘   B. 存储卡

    C. 移动硬盘   D. 磁带

27. 目前 PC 机中 SATA 接口标准主要用于_____。

    A. 打印机与主机的连接   B. 外置 MODEM 与主机连接

    C. 软盘与主机的连接   D. 硬盘与主机的连接

28. 下列的 I/O 接口中使用并行传输方式的是_____。

    A. USB   B. IDE

    C. PS/2   D. Firewire

29. 外置 MODEM 与计算机连接时,一般使用_____。

    A. 计算机的并行输入输出口   B. 计算机的串行输入输出口

    C. 计算机的 ISA 总线   D. 计算机的 PCI 总线

30. PC 机加电启动时所执行的一组指令是永久性地存放在_____中的。

    A. CPU   B. 硬盘   C. ROM   D. RAM

31. Cache 的存取速度_____。
    A. 比内存慢,比外存快　　　　　　B. 比内存慢,比内部寄存器快
    C. 比内存快,比内部寄存器慢　　　　D. 比内存和内部寄存器都慢

32. 在使用 PCI 总线的微型计算机中,CPU 访问主存通过_____进行。
    A. ISA 总线　　　　　　　　　　　B. PCI 总线
    C. VESA 总线　　　　　　　　　　D. 前端总线

33. 下列不适合存储 BIOS 程序的存储器是_____。
    A. RAM　　　　　　　　　　　　　B. PROM
    C. Mask ROM　　　　　　　　　　D. Flash ROM

34. 下列关于外设与主机互连时的叙述中,正确的是_____。
    A. I/O 设备一般需要通过 I/O 接口与主机互连
    B. I/O 设备可以直接与主机互连
    C. I/O 设备可以通过系统总线与主机互连
    D. I/O 设备通过 MODEM 与主机互连

35. 微型计算机经历了多次演变,其主要标志是_____。
    A. 体积与重量　　　　　　　　　　B. 用途
    C. 内存容量大小　　　　　　　　　D. 微处理器的字长和功能

36. 下列关于 PC 机的 CPU 的叙述中,不正确的是_____。
    A. 为了暂存中间结果,CPU 中包含了多个寄存器来存放暂时数据
    B. CPU 是 PC 机中不可缺少的组成部分,具有执行程序的任务
    C. 所有 PC 机的 CPU 都具有相同的机器指令
    D. CPU 是由运算器、控制器和寄存器组成的

37. 下列与硬盘存储器性能主要技术指标有关的是_____。
    ① 容量;　② 平均存取时间;　③ 数据传输速率;　④ 大小;　⑤ 缓存容量。
    A. ①②③④　　　　　　　　　　　B. ①②③⑤
    C. ②③④⑤　　　　　　　　　　　D. ①②④⑤

38. Cache 存储器一般采用 SRAM 半导体芯片,而主存主要采用_____半导体芯片。
    A. ROM　　　　B. PROM　　　　C. SRAM　　　　D. DRAM

39. PC 机中的 CPU 执行一条指令,从存储器读取数据时,数据搜索的顺序是_____。
    A. L1Cache、L2Cache、DRAM、外设
    B. L2Cache、L1Cache、DRAM、外设
    C. 外设、DRAM、L2Cache、L1Cache
    D. 外设、DRAM、L1Cache、L2Cache

40. 下面关于 PC 机串行口(COM1、COM2)、USB 接口和 IEEE - 1394 接口的叙述中,正确的是_____。

　A. 它们均以串行的方式传送数据

　B. 串行口和 USB 接口以串行方式传送数据,IEEE - 1394 接口以并行方式传送数据

　C. 串行口和 IEEE - 1394 接口以串行方式传送数据,USB 接口以并行方式传送数据

　D. 串行口以串行方式传送数据,而 USB 接口和 IEEE - 1394 接口以并行方式传送数据

41. 下列不可以作为鼠标与主机接口的是_____。

　A. USB 接口　　　　　　　　　　B. IDE 接口

　C. 红外线接口(IrDA)　　　　　　D. PS/2 接口

42. 读取硬盘上的数据要用磁头号、柱面号和_____三个参数来定位。

　A. 盘片号　　　　B. 扇区号　　　　C. 磁道号　　　　D. 径向号

43. 在微型计算机中,CPU 访问各类存储器的速度由高到低的次序是_____。

　A. Cache、内存、硬盘、软盘　　　　B. 内存、Cache、硬盘、软盘

　C. 硬盘、Cache、内存、软盘　　　　D. Cache、硬盘、内存、软盘

44. 完整的计算机系统应该包括_____。

　A. 运算器、存储器、控制器　　　　B. 主存和外部设备

　C. 主机和实用程序　　　　　　　　D. 硬件系统和软件系统

45. BIOS 的中文名叫基本输入/输出系统,它存放在主板上_____芯片中。

　A. ROM　　　　B. RAM　　　　C. SRAM　　　　D. DRAM

46. 下列关于 CMOS 的叙述中,错误的是_____。

　A. 是一种易失性存储器,当它断电时信息会丢失

　B. CMOS 中存放有机器工作时所需的硬件参数

　C. CMOS 是一种非易失性存储器,其存储的内容是一套程序

　D. CMOS 中的信息可以更改

47. 下面关于 BIOS 的叙述中,正确的是_____。

　A. BIOS 是存放于 ROM 中的一组高级语言程序

　B. BIOS 中含有机器工作时所需的全部驱动程序

　C. BIOS 系统由加电自检程序、自举程序、CMOS 设置程序和基本外围设备的驱动程序组成

　D. 没有 BIOS 的 PC 机器,也可以正常工作

48. 下面关于 PC 机驱动程序的叙述中,正确的是_____。

　A. 在 BIOS 中含有所有的驱动程序

B. 每一种外设都有自己的驱动程序,在使用非默认外设前要先安装该设备驱动程序

C. 操作系统中含有 PC 机的所有驱动程序

D. 驱动程序是通用的,即所有设备均使用相同的驱动程序

49. PC 机的存储器系统中的 Cache 指的是_____。

A. 可编程只读存储器   B. 只读存储器

C. 高速缓冲存储器   D. 可擦除可再编程只读存储器

50. 在民航订票系统中,为使多个用户能够同时与系统交互,需要解决的主要技术问题是_____。

A. 配置多个 CPU

B. 配置多个 USB 接口

C. 划分 CPU 的时间为多个"时间片",轮流为不同的用户程序服务

D. 配置多个键盘

51. 下列关于计算机组成及功能的叙述中,正确的是_____。

A. 开机后,CPU 直接运行硬盘中的数据

B. 一台计算机内只能有一个 CPU

C. I/O 设备是用来连接 CPU、内存、外存和各种输入输出设备并协调它们工作的一个控制部件

D. PC 机主板上都有一芯片组,它的主要功能是实现主板上所有控制功能

52. 下列叙述中,正确的是_____。

A. 内存和外存都是存储器,其中的信息都不会丢失

B. CPU 不能直接读写外存中存储的数据

C. ROM 是只读存储器,即只能读一次

D. 机箱内的存储器称为内存,外部的称为外存

53. 下列选项中,与 CPU 的性能无关的是_____。

A. CPU 主频   B. 运算器的逻辑结构

C. 总线带宽   D. 指令系统

54. PC 机开机后,系统首先执行 BIOS 中的自检(POST)程序,其目的是_____。

A. 测试系统各部件的工作状态是否正常

B. 从 BIOS 中装入基本外围设备的驱动程序

C. 启动 CMOS 设置程序,对系统的硬件配置信息进行修改

D. 读出引导程序,装入操作系统

55. 下面关于 CPU 性能的叙述中,错误的是_____。

A. 运算器的逻辑结构影响 CPU 的性能

B. 主存的容量不直接影响 CPU 的速度

C. 主频为 2 GHz 的 CPU 的运算速度是主频为 1 GHz 的 CPU 运算速度的 2 倍

D. Cache 存储器的容量是影响 CPU 性能的一个重要因素,一般情况下, Cache 容量越大,CPU 的速度就越快

56. 目前,运算速度达到数百万亿次/秒以上的计算机通常被称为_____ 计算机。

　　A. 小型　　　　　　B. 大型　　　　　　C. 个人　　　　　　D. 巨型

57. 在 PC 机中,RAM 的编址单位是_____。

　　A. 字节　　　　　　B. 位　　　　　　C. 字　　　　　　D. 扇区

58. 下列关于 I/O 接口的叙述中,正确的是_____。

A. I/O 接口即 INPUT/OUTPUT,用来连接 I/O 设备与主机

B. I/O 接口即 I/O 控制器,用来连接 I/O 设备与主板

C. I/O 接口主要用来连接 I/O 设备与主存

D. I/O 接口即 I/O 总线,用来连接 I/O 设备与 CPU

59. 计算机加电启动过程中,有四个执行程序:① 引导程序;② 自检(POST)程序;③ 装入操作系统;④ 自举装入程序。这四个程序的执行顺序为_____。

　　A. ①②③④　　　　B. ①③②④　　　　C. ②④①③　　　　D. ②①④③

60. 下列关于 PC 机主板上芯片组的描述中,错误的是_____。

A. 芯片组与 CPU 的类型必须相配

B. 芯片组规定了主板可安装的内存条的类型、内存的最大容量等

C. 芯片组提供了 CPU 的时钟信号

D. 所有外部设备的控制功能都集成在芯片组中

61. 20 多年来微处理器的发展非常迅速。有关微处理器的发展,下列叙述错误的是_____。

A. 其主频越来越高,处理速度越来越快

B. 其指令系统越来越简单

C. 所包含的晶体管越来越多,功能越来越强大

D. 其性价比越来越高

62. 下列关于指令系统的叙述中,正确的是_____。

A. 不同公司生产的 CPU,其指令系统完全不同

B. 一台机器指令系统中的每条指令 CPU 都可以执行

C. 用于解决某一问题的一个指令序列称为指令系统

D. CPU 的指令系统与 CPU 的生产公司无关

63. 总线最重要的性能是它的数据传输速率,也称为总线的带宽。若某台计

算机总线的数据线宽度为 32 位,工作频率为 133 MHz,每个总线周期传输一次数据,则带宽为_____。

 A. 266 MB/s   B. 133 MB/s   C. 532 MB/s   D. 16 MB/s

64. PC 机主板上的部件,不包括_____。

 A. CPU 调压器 B. 芯片组   C. 主机电源   D. I/O 接口

65. 计算机中扩充 I/O 设备一般都是通过 I/O 接口与各自的控制器连接,下列不属于 I/O 接口的是_____。

 A. SCSI 接口   B. USB 接口   C. 视频口   D. 电源接口

66. 指令系统包含有数以百计的不同的指令,下列不属于指令系统的是_____。

 A. 文件传送指令   B. 算术运算指令

 C. 逻辑运算指令   D. 输入/输出指令

67. 计算机中的存储体系包括寄存器、硬盘、优盘和 Cache 等,速度由快到慢的是_____。

 A. Cache、寄存器、优盘、硬盘   B. 硬盘、Cache、优盘、寄存器

 C. Cache、寄存器、优盘、硬盘   D. 寄存器、Cache、硬盘、优盘

68. 同一公司的 CPU 产品,其指令系统通常"向下兼容",则 Pentium Ⅲ无法完全执行_____所拥有的全部指令。

 A. Pentium Ⅱ   B. 80486

 C. Pentium Ⅳ   D. Pentium Pro

69. 下列不同类型的 PC 机主板总线,其中传输最快的是_____。

 A. PCI 总线   B. PCI-E 总线

 C. EISA 总线   D. VESA 总线

70. 机器指令是一种命令语言,它用来规定 CPU 执行什么操作以及操作对象所在的位置。它由两部分组成,这两部分是_____。

 A. 命令和数据   B. 二进制数和命令

 C. 运算符和地址   D. 操作码和操作数地址

71. 在下列情形中,不需要启动 CMOS 设置程序对系统进行设置的是_____。

 A. PC 机组装好之后第一次加电

 B. 系统增加、减少或更换硬件或 I/O 设备

 C. 用户希望更改或设置系统的口令

 D. 对计算机杀毒后重新启动

72. 下列关于 PC 机中 CPU 的叙述中,错误的是_____。

 A. PC 机的 CPU 都具有相同的指令系统

 B. 提高 CPU 的时钟频率能提高 CPU 的运算速度

C. CPU 不仅具有运算和控制能力,还具备数据存储功能

D. 只有 CPU 才能运行程序

73. PC 机的 I/O 接口通常包括串行口、USB 接口、FireWire 接口和 SATA 接口等,按照其所能达到的最高数据传输速率,由快到慢的顺序为_____。

A. SATA 接口、FireWire 接口、USB 接口、串行口

B. FireWire 接口、USB 接口、串行口、SATA 接口

C. 串行口、USB 接口、FireWire 接口、SATA 接口

D. 串行口、FireWire 接口、SATA 接口、USB 接口

74. 声卡通常连接到 PC 机主板上的_____。

A. 存储器插座　　　　　　　　　　B. AGP 插槽

C. PCI 总线插槽　　　　　　　　　D. IDE 插槽

75. 按照输入信息的类型,输入设备有多种,我们经常用的鼠标和触摸屏属于_____。

A. 图形输入设备　　　　　　　　　B. 声音输入设备

C. 位置和命令输入设备　　　　　　D. 温度、压力输入设备

76. 以下设备的性能指标都包含分辨率的是_____。

A. 数码相机、扫描仪、鼠标器　　　B. 扫描仪、键盘、显示器

C. 手写笔、显示器、打印机　　　　D. 打印机、手写笔、数码相机

77. PC 机中 IDE 接口标准主要用于_____。

A. 打印机与主机的连接　　　　　　B. 外置 MODEM 与主机连接

C. 软盘与主机的连接　　　　　　　D. 硬盘与主机的连接

78. 下列部件中,不是输出设备的是_____。

A. 显示器　　　　B. 鼠标　　　　C. 硬盘　　　　D. 绘图仪

79. 下列部件中,_____不是人机接口部件。

A. 显示器　　　　B. 鼠标　　　　C. U 盘　　　　D. MODEM

80. 下面关于内存和硬盘的叙述中,正确的是_____。

A. 内存是可以和 CPU 直接进行信息交换的存储器

B. 硬盘和 CPU 可以直接进行数据交换

C. 硬盘、内存都可以和 CPU 直接进行数据交换

D. 硬盘直接与 CPU 相连用于永久存放各种信息

81. 下列不属于输入设备的是_____。

A. 扫描仪　　　　B. 数码相机　　　C. 光电笔　　　D. 打印机

82. 下列不属于扫描仪主要性能指标的是_____。

A. 分辨率　　　　　　　　　　　　B. 色彩位数

C. 与主机接口　　　　　　　　　　D. 扫描仪的大小

83. 鼠标器的主要技术指标是_____。

A. 大小　　　　　　　　　　　　　　B. 分辨率

C. 按键个数　　　　　　　　　　　　D. 与主机接口

84. 下面有关 LCD 显示器和 CRT 显示器的叙述中,错误的是_____。

A. LCD 显示器不采用电子枪轰击方式成像

B. 现在使用 CRT 显示器的失真和反光被减少到最低限度,视觉效果很好

C. 液晶显示器辐射危害小,功耗小,不闪烁

D. CRT 显示器易于实现大画面显示和全色显示

85. 扫描仪的主要工作原理是_____。

A. 光电转换　　　　B. 模数转换　　　　C. 机械光学　　　　D. 电容

86. 下列不属于数码相机性能指标的是_____。

A. 存储容量　　　　B. CCD 像素　　　　C. 彩色像素　　　　D. 大小

87. 下列关于鼠标的叙述中,错误的是_____。

A. 用户移动鼠标时,鼠标移动的距离和方向将分别变换成脉冲信号输入计算机

B. 笔记本电脑中,用来替代鼠标器的最常用设备是触摸屏

C. 光电式鼠标速度快,准确性和灵敏度高,不需要鼠标垫,是目前流行的一种鼠标

D. 鼠标的接口可以是 EIA-232 串行口、PS/2 接口,也可以是 USB 接口

88. 下列关于扫描仪的叙述中,错误的是_____。

A. 扫描仪是将图片或文字输入计算机的一种输入设备

B. 扫描仪是基于光电转换原理而设计的,扫描仪的核心部件是电荷耦合器件（CCD）

C. 扫描仪的一个重要性能指标是扫描仪的分辨率,用每英寸生成的像素数目（dpi）表示

D. 扫描仪的色彩位数越多,扫描仪所能放映的色彩就越丰富,一个 24 位的扫描仪只能表示 24 种不同颜色

89. 下列关于数码相机的叙述中,错误的是_____。

A. 数码相机不需要胶卷和暗房,可以直接将数字形式的照片输入电脑进行处理

B. 数码相机不使用光敏卤化银胶片成像,而是将影像聚焦在成像芯片（CCD 或 CMOS）上

C. 数码相机中的数字图像无需经过压缩直接存储于存储器中

D. 成像芯片（CCD 或 CMOS）是数码相机的核心,CCD 芯片中有大量的 CCD 像素,CCD 像素的数目是数码相机最重要的性能指标

90. 显示器的主要参数是分辨率,其含义为 _____。

A. 显示屏的尺寸　　　　　　　　　　B. 整屏可显示像素的数目

C. 可以显示的最大颜色数　　　　　　D. 显示器的刷新速率

91. 下列不属于显示器主要性能指标的是 _____。

A. 显示屏的尺寸　　　　　　　　　　B. 显示器的分辨率

C. 像素的颜色数目　　　　　　　　　D. 显示器的重量

92. 打印机的性能指标主要包括打印精度、色彩数目、打印成本和 _____。

A. 打印数量　　　　　　　　　　　　B. 打印方式

C. 打印速度　　　　　　　　　　　　D. 打印图像大小

93. 在 PC 机中负责各类 I/O 设备控制器与 CPU、存储器之间相互交换信息、传输数据的一组公用信号线及相关控制电路称为 _____。

A. I/O 总线　　　　　　　　　　　　B. CPU 总线

C. 存储器总线　　　　　　　　　　　D. 前端总线

94. 显示卡与主机主要采用 _____ 接口。

A. AGP　　　　　B. CGA　　　　　C. VGA　　　　　D. TVGA

95. 输入条形码时,最快捷方便的输入设备 _____。

A. 扫描仪　　　　B. 键盘　　　　　C. 鼠标　　　　　D. 数码相机

96. 下列 _____ 不是激光打印机采用的接口。

A. 并行接口　　　B. USB 接口　　　C. PS/2 接口　　　D. SCSI 接口

97. 硬盘存储器的平均存取时间与盘片的旋转速度有关,在其他参数相同的情况下,下面 _____ 转速的硬盘存取速度最快。

A. 10000 转/分　　　　　　　　　　B. 7200 转/分

C. 4500 转/分　　　　　　　　　　　D. 3000 转/分

98. 下列关于打印机的叙述中,错误的是 _____。

A. 打印机与主机的连接除使用并行口之外,目前还广泛采用 IEEE-488 接口

B. 激光打印机是一种高质量、高速度、低噪音、价格适中的输出设备

C. 喷墨打印机具有能输出彩色图像、经济、低噪音、打印效果好等优点

D. 针式打印机独特的平推式进纸技术,在打印存折和票据方面具有不可替代的优势

99. 下列关于 PC 机主板的叙述中,错误的是 _____。

A. CPU 和内存条均通过相应的插座槽安装在主板上

B. 芯片组是主板的重要组成部分,所有存储控制和 I/O 控制功能大多集成在芯片组内

C. 为便于安装,主板的物理尺寸已标准化

D. 硬盘驱动器也安装在主板上

100. 现在激光打印机与主机连接多半使用的是_____接口,而高速激光打印机则大多使用 SCSI 接口。

A. SATA

B. USB

C. PS/2

D. IEEE - 1394

101. PC 机主板上安装了多个插座和插槽,下列_____不在 PC 机主板上。

A. CPU 插座

B. 内存条插槽

C. 芯片组插座

D. PCI(PCI - E)总线扩展槽

102. 关于移动硬盘,下列说法错误的是_____。

A. 容量较大

B. 兼容性好,即插即用

C. 速度较快

D. 通常采用 IDE 接口

103. CD - ROM 光盘是_____型光盘。

A. 只读

B. 一次可写

C. 两次可写

D. 多次可写

104. 下列关于硬盘数据传输速率的叙述中,错误的是_____。

A. 数据传输速率分为外部传输速率和内部传输速率

B. 外部传输速率指主机从硬盘缓存读写数据的速度

C. 内部传输速率指硬盘在盘片上读写数据的速度

D. 外部传输速率是评价硬盘性能的重要因素

105. 移动存储器包含闪存和移动硬盘,闪存常采用的接口是_____。

A. PS/2 接口

B. USB 接口

C. SCSI 接口

D. IDE 接口

106. 下列关于 CD - R 的说法中,正确的是_____。

A. 只读型光盘,只能读出数据,不能写入数据

B. 是可记录式光盘,可以写入一次,反复多次读出

C. 可改写型光盘,可以多次读出和写入

D. 只可读出一次的光盘

107. 下列关于光盘的说法中,正确的是_____。

A. 光盘存储器的读出速度比硬盘快

B. 光盘的读出头离盘面的距离比硬盘的近,因此比硬盘还容易划盘

C. 光盘的表面介质易受潮湿和温度的影响,不易长期保存

D. 光盘存储器具有记录密度高、存储容量大等特点,一张光盘的容量一般为 650 MB 左右

108. 喷墨打印机中最关键的技术和部件是_____。

A. 喷头

B. 压电陶瓷

C. 墨水

D. 纸张

109. 下列关于硬盘使用时应注意的事项的说法中,错误的是_____。

A. 正在读硬盘时不能关闭电源

B. 硬盘在读写数据时不能随意搬动

C. 控制环境温度,防止高温、潮湿和磁场的影响

D. 磁盘受到病毒入侵时应全盘格式化

110. 某磁盘现有 16 个盘片,每片由 256 个道,每道分为 16 个扇区,每个扇区存储 512 个字节,则这个磁盘的存储容量为_____。

    A. 64 MB   B. 8 MB   C. 512 MB   D. 80 MB

111. 下列设备中,不能连接到 IEEE 1394 接口上的是_____。

    A. 显示器   B. 优盘   C. 扫描仪   D. 数码相机

112. 下面有关 PC 机 I/O 总线的叙述中,错误的是_____。

A. 总线上有三类信号,即数据信号、地址信号和控制信号

B. I/O 总线可以支持多个设备同时传输数据

C. I/O 总线用于连接 PC 机中的主存储器和 Cache 存储器

D. 目前在 PC 机中广泛采用的 I/O 总线是 PCI 和 PCI-E 总线

113. 下列存储设备中,存储容量由小到大的顺序一般是_____。

    A. 软盘、优盘、光盘、硬盘   B. 优盘、软盘、硬盘、光盘

    C. 软盘、硬盘、优盘、光盘   D. 优盘、光盘、软盘、硬盘

114. 下面关于 DVD 和 CD 光盘存储器的叙述中,正确的是_____。

A. DVD 与 CD 光盘存储器一样,速度都比硬盘快

B. CD-ROM 驱动器可以读取 DVD 光盘片上的数据

C. DVD-ROM 驱动器可以读取 CD 光盘上的数据

D. DVD 的存储器容量和 CD 一样多

115. 下列不属于计算机输入设备的是_____。

    A. 键盘   B. 鼠标   C. 扫描仪   D. 显示器

116. 下列关于显示控制器(显示卡)的叙述中,错误的是_____。

A. 显示卡一般使用 AGP 接口,但目前越来越多使用 PCI-E 接口

B. 显示控制电路是显示卡的组成部分之一

C. 显示卡的接口电路负责显示卡与 CPU 和内存的数据传输

D. 显示控制器必须做成独立的显示卡,不能与芯片组集成

117. 为了节省空间,_____不是笔记本电脑用来代替鼠标的设备。

    A. 手写笔   B. 轨迹球   C. 指点杆   D. 触摸板

118. 目前使用的打印机有针式打印机、激光打印机和喷墨打印机,其中在打印票据方面具有独特的优势以及在彩色图像输出设备中占有价格优势的分别是_____。

    A. 针式打印机、激光打印机   B. 喷墨打印机、激光打印机

    C. 激光打印机、喷墨打印机   D. 针式打印机、喷墨打印机

119. 打印精度是打印机的重要性能之一，下列关于打印精度的说法中，错误的是_____。

    A. 打印精度也就是打印机的分辨率

    B. 打印精度用 dpi 来表示

    C. 打印精度是每厘米可打印的点数

    D. 针式打印机的分辨率一般只有 180 dpi

120. 打印速度是打印机的主要性能指标之一，下列表示打印速度的是_____。

    A. 800 dpi   B. 10 PPM   C. 10 Mbps   D. USB

2.4.3 填空题

1. 优盘、扫描仪、数码相机等计算机外设都可使用_____接口与计算机相连。

2. 计算机具有强大的"记忆"功能，能够把程序和数据存储起来，是因为它有功能部件_____。

3. 在打印优盘上文章的过程中，优盘已取走，但是屏幕上还有文章内容显示，是因为文章已被读入_____。

4. 计算机中连接 CPU、内存、外存和输入输出设备并协调它们工作的控制部件是_____。

5. 超高速的计算技术称为"并行技术"，要实现此技术，应该至少需要采用 CPU 的个数为_____。

6. 计算机中的 I/O 设备都通过 I/O 接口与各自的控制器相连，闪存通常使用的是_____接口。

7. CPU 中，用来临时存放参加运算的数据和中间结果的是_____。

8. CPU 由寄存器、运算器和_____三部分组成。

9. Pentium Ⅳ 地址线数目是 36，则它可存储的空间大小为_____。

10. 硬盘和内存之间交换数据的基本单位是_____。

11. 计算机的工作原理基本相同，是基于数学家冯·诺依曼提出的_____原理进行工作的。

12. 用于分析指令需要执行什么操作，然后让控制器去控制运算器具体执行该操作的部件是指令_____部件。

13. PC 机中 I/O 接口按数据传输方式的不同，可以分为串行和_____两种类型。

14. PC 机启动时运行程序的顺序如下：① 加电自检；② _____；③ 引导程序；④ 装入操作系统。

15. _____用于存放用户对计算机硬件所设置的一些参数,包括当前的日期和时间。

16. 目前 RAM 多采用 MOS 型半导体芯片制成,根据其保存数据的机理又可分为 DRAM 和 SRAM 两种,其中_____适合作 Cache。

17. Cache 是硬盘存储器性能的主要技术指标之一,只能被_____直接访问。

18. 硬盘接口电路传统的有 SCSI 接口和 IDE 接口,近年来_____接口开始普及。

19. 大部分数码相机采用_____成像芯片,芯片中像素越多,可拍摄的图像的清晰度就越高。

20. 近年来,一种基于串行传输原理,传输速度比 PCI 总线更快的_____的总线正在普及。

21. I/O 总线上有三类信号,即数据信号、_____信号和控制信号。

22. USB 2.0 接口传输方式为串行双向,传输速率可达_____。

23. 19 英寸显示器的 19 英寸是指显示屏的_____长度。

24. CPU 主要由运算器和控制器组成,其中运算器用来对数据进行各种算术运算和_____。

25. 采用多个 CPU(2,4,8 或更多)实现超高速计算的技术称为"并行处理",采用这种技术的计算机系统称为_____。

26. 无线键盘采用的是无线接口,主要通过红外线或_____向主机传送信息。

27. CD - R 的特点是可以_____或读出信息,但不能擦除和修改。

28. 鼠标器与主机的接口有三种,传统的鼠标采用 EIA-232 串行接口,后来采用了 PS/2 接口,现在使用的鼠标器大多数采用_____接口。

29. DVD 光盘和 CD 光盘直径大小相同,但 DVD 光盘的道间距要比 CD 光盘_____,因此,DVD 光盘的存储容量大。

30. 显示卡主要是由显示控制电路、绘图处理器、_____和接口电路四个部分组成。

31. 虽然许多显示卡还使用 AGP 接口,但目前越来越多的显示卡采用性能更好的_____接口。

32. 数码相机将成像芯片转换成电信号,再经模数转换变成数字图像,经过必要的图像处理和_____之后,存储在相机内部的存储器中。

33. 喷墨打印机的关键技术是_____。

34. 扫描仪是基于光电转换原理设计的,目前用来完成光电转换的主要器件是电荷耦合器件,它的英文缩写是_____。

35. 平均存取时间是衡量硬盘性能的主要技术指标之一,它是由硬盘的旋转速度、磁头的寻道时间和数据的_____所决定。

36. 光盘存储器发展迅速,可分为只读光盘、可记录光盘和_____光盘三种类型。

37. 硬盘上的一块数据要用柱面号、扇区号和_____三个参数来定位。

38. 有一种 CD 光盘,用户可以自己写入信息,也可以对写入的信息进行擦除和改写,这种光盘的英文缩写为_____。

39. DVD 驱动器在读取单面双层 DVD 光盘时,聚焦激光时需使用_____种不同的焦距。

40. 液晶显示器的英文缩写是_____。

41. 键盘、显示器和硬盘等常用外围设备在操作系统启动时都需要参与工作,所以它们的驱动程序都必须预先存放在主板上_____芯片中。

42. 扫描仪的主要性能指标之一是_____,它反映了扫描仪扫描图像的清晰程度,用每英寸的取样点数目来表示。

43. CRT 显示器的主要性能指标包括显示屏的尺寸、显示器的分辨率、刷新速率、可显示_____、辐射和环保。

44. 硬盘存储器上每个扇区的容量通常为_____字节。

45. 喷墨打印机的耗材是_____,它的使用要求很高,消耗也快。

46. 台式 PC 机的光盘驱动器与主板连接的是_____接口。

47. 为了降低 PC 机的成本,现在的显示控制器已经越来越多地包含在主板芯片组中,不再做成独立的显卡,这种逻辑上存在而实际上已看不见的显卡通常称为_____显卡。

48. 某 CPU 可访问的最大内存空间为 32 GB,则该处理器的地址线数目是_____。

49. 激光打印机的耗材是_____。

50. 主存储器中的每个存储单元都有一个_____,存储单元的基本单位是字节。

3　计算机软件

3.1　内容简介

本章介绍了计算机软件的基本知识和基础理论。主要内容包括：计算机软件的概念、分类和发展；计算机软件技术的主要内容；操作系统的作用与功能（任务管理、存储管理、文件管理、设备管理、作业管理）；操作系统的类型；常用操作系统的介绍（Windows、Unix、Linux、OS/2）；程序设计语言的分类（机器语言、汇编语言、高级语言）；程序语言中的数据成分与控制成分；常用程序设计语言；算法和数据结构。

3.2　基本概念

1. 计算机软件：是人与硬件的接口，它指挥和控制着硬件的整个工作过程。
2. 系统软件：为了给用户使用计算机提供方便、为应用软件提供支持、使计算机安全可靠地运行的必不可少的软件，如基本输入/输出系统（BIOS）、操作系统、程序设计语言处理系统、数据库管理系统等。
3. 应用软件：用于解决各种不同应用问题的专门软件，按开发方式可分为通用应用软件和定制应用软件两类。
4. 操作系统：用于执行各种具有共性和基础性操作的软件，是最重要的一种系统软件，它管理计算机的软硬件资源，控制和支持应用程序的运行。
5. 算法：解决问题的方法和步骤。
6. 汇编程序：从汇编语言到机器语言的翻译程序。
7. 解释程序：按源程序中语句执行的顺序，逐条翻译并立即执行的处理程序。
8. 编译程序：从高级语言到机器语言或汇编语言的翻译程序。

3.3　学习指导

软件的学习理论性更强，程序控制、算法是本章的难点，学生可以只作一般了解,而软件的概念分类、操作系统、数据结构等内容要重点掌握。具体要求:掌握计算机软件的概念及软件的分类;了解计算机软件的发展史以及计算机软件技术的概念和包含的主要内容;掌握操作系统的概念及其作用、主要功能;掌握操作系统的分类及常用的操作系统;掌握程序设计语言的分类及高级语言中主要组成成分;掌握编译程序、解释程序执行方式,了解常见的高级语言;了解计算机软件理论基础及掌握算法的概念、性质;掌握数据结构的概念及研究的主要内容。

3.3.1 重点

1. 程序的特点:完成某一确定的处理任务;使用某种计算机语言描述如何完成该任务;存储在计算机中,并在启动运行(被 CPU 执行)后才能起作用。

2. 软件的概念:按照国际标准化组织(ISO)的定义,计算机软件是包含与数据处理系统操作相关的程序、规程、规则以及相关文档的智力创作。

3. 计算机软件的特性:不可见性、适用性、依附性、复杂性、无磨损性、易复制性、不断演变性、有限责任、脆弱性。

4. 软件的分类:从应用的角度分为系统软件和应用软件(通用、定制);从软件权益处置角度分为商品软件、共享软件和自由软件。

5. 计算机软件技术:主要包括软件工程技术、程序设计技术、软件工具环境技术、系统软件技术、数据库技术、网络软件技术、与实际工作相关的软件技术。

6. 操作系统的作用

(1) 为计算机中运行的程序管理和分配各种软硬件资源;

(2) 为用户提供友善的人机界面;

(3) 为应用程序的开发和运行提供一个高效率的平台。

7. 操作系统的功能:任务管理、存储管理、文件管理、设备管理、作业管理。

8. 操作系统的类型:批处理系统、分时处理系统、实时系统、个人计算机操作系统、高性能计算机操作系统、网络操作系统、分布式操作系统。

9. 程序设计语言的分类:机器语言、汇编语言、高级语言。

10. 程序设计语言中的基本成分

(1) 数据成分:描述程序处理的数据对象;

(2) 运算成分:描述程序包含的运算;

(3) 控制成分:表达程序中的控制构造;

(4) 传输成分:表达程序中的数据的传输。

11. 程序控制的三种基本结构

(1) 顺序结构;

(2) 条件选择结构;

(3) 重复结构。

12. 算法：指解决问题的方法和步骤，它必须满足以下基本要求。

（1）确定性：第一步操作必须有确切的定义，无二义性；

（2）有穷性：在执行了有穷步操作后终止；

（3）能行性：算法中有待实现的操作都是可执行的，即在计算机能力范围之内，且在有限的时间内能够完成；

（4）输出：至少产生一个输出。

13. 数据结构：以计算机数据的形式来表示算法中要处理的对象及其对象间的关系，它包含以下三方面内容。

（1）数据的抽象；

（2）数据的物理（存储）结构；

（3）在数据结构上定义的运算。

3.3.2　难点

1. 虚拟存储器的工作过程。

2. 算法：冒泡排序算法。

3. 数据结构。

3.3.3　教学建议

建议理论教学 4 课时，通过算法举例，加强对程序控制结构的理解，为后续的课程打好编程基础。给有能力学生补充一些常用的算法，或者通过思考题的形式让学生课后思考。本章的讲解对教师的要求会较高一些，内容比较枯燥，补充一些趣味的算法效果会好一些。

3.4　习题

3.4.1　判断题

1. 计算机软件通常指的是用于指示计算机完成特定任务的，以电子格式存储的程序、数据和相关的文档。　　　　　　　　　　　　　　　　　　　　（　　）

2. 数据库管理系统是一种应用型软件。　　　　　　　　　　　　（　　）

3. 计算机系统由软件和硬件组成，没有软件的计算机被称为裸机，裸机不能完成任何操作。　　　　　　　　　　　　　　　　　　　　　　　　　（　　）

4. 计算机只有安装了操作系统之后，CPU 才能执行数据的存、取或计算操作。　　　　　　　　　　　　　　　　　　　　　　　　　　　　　　（　　）

5. 基本输入输出系统（BIOS）属于系统软件范畴。　　　　　　　　（　　）

6. 在分时系统中,是把 CPU 时间分成若干时间片,轮流为多个用户程序服务。　　　　　　　　　　　　　　　　　　　　　　　　　　　（　　）

7. Unix 系统是一种自由软件。　　　　　　　　　　　　　（　　）

8. 计算机系统中最重要的应用软件是操作系统。　　　　　（　　）

9. Windows 操作系统之所以能同时进行多个任务的处理,是因为 CPU 具有多个执行部件,可同时执行多条指令。　　　　　　　　　　　　　（　　）

10. QQ 属于定制的网络通信应用软件。　　　　　　　　　（　　）

11. "引导"是指把操作系统的一部分程序从内存读入磁盘。　（　　）

12. 当内存不够用时,操作系统可提供虚拟存储器来供用户使用。　（　　）

13. 程序设计语言可按级别分为机器语言、汇编语言和高级语言,其中高级语言比较接近自然语言,而且易学、易用和易维护。　　　　　　　　　（　　）

14. 著名的操作系统 Unix 是用 Java 语言编写的。　　　　　（　　）

15. 解释程序对源程序的语句从头到尾逐句扫描,逐句翻译,并且翻译一句执行一句,因而这种翻译方式并不形成机器语言形式的目标程序,因此运行效率高。

　　　　　　　　　　　　　　　　　　　　　　　　　　　　（　　）

16. 编译程序对源程序扫描一遍或多遍,最终形成一个可在计算机上执行的目标程序。　　　　　　　　　　　　　　　　　　　　　　　　（　　）

17. 一个完整算法可以没有输入,但是必须有输出。　　　　（　　）

18. Basic 是一种主要用于数值计算的面向过程的程序设计语言。　（　　）

19. 对于同一个问题可采用不同的算法去解决,所以不同的算法都具有相同的效率。　　　　　　　　　　　　　　　　　　　　　　　　　（　　）

20. 汇编语言程序的执行效率比机器语言高。　　　　　　　（　　）

21. 关于高级程序设计语言中的数据成分,程序员不能自己定义新的数据类型。　　　　　　　　　　　　　　　　　　　　　　　　　　　（　　）

22. 数据结构一般包括三个方面的内容,即数据的抽象结构、数据的物理结构及在这些数据上定义的运算。　　　　　　　　　　　　　　　　（　　）

23. 程序是软件的主体部分,仅仅是数据和文档一般不认为是计算机软件。

　　　　　　　　　　　　　　　　　　　　　　　　　　　　（　　）

24. 一般将使用高级语言编写的程序称为源程序,这种程序不能直接在计算机中运行,需要有相应的语言处理程序翻译成机器语言程序才能执行。　（　　）

25. 算法与程序不同,算法是问题求解规则的一种过程描述。　（　　）

26. 高级程序设计语言中的数据成分用来描述程序中对数据的处理。（　　）

27. C++语言是对 C 语言的扩充。　　　　　　　　　　　（　　）

28. 算法的设计一般采用由粗到细,从具体到抽象的逐步求精的方法。

　　　　　　　　　　　　　　　　　　　　　　　　　　　　（　　）

29. 程序设计中的高级语言是指具有高度智能化的语言。　　　　　　（　　）

30. 用机器语言编写的程序,可以在各种不同类型的计算机上直接执行。

　　　　　　　　　　　　　　　　　　　　　　　　　　　　（　　）

3.4.2　选择题

1. 下列应用软件中_____属于网络通信软件。

A. Word　　　　　　　　　　　　　B. Excel

C. Outlook Express　　　　　　　　D. FrontPage

2. 计算机的软件系统可分为_____。

A. 程序和数据　　　　　　　　　　B. 操作系统和语言处理系统

C. 程序、数据和文档　　　　　　　D. 系统软件、支撑软件和应用软件

3. 下列不属于计算机软件技术的是_____。

A. 数据库技术　　　　　　　　　　B. 系统软件技术

C. 程序设计技术　　　　　　　　　D. 单片机接口技术

4. 下列叙述中,正确的选项是_____。

A. 计算机系统是由硬件系统和软件系统组成

B. 程序语言处理系统是常用的应用软件

C. CPU 可以直接处理外部存储器中的数据

D. 汉字的机内码与汉字国标码是同一种代码的两种名称

5. 当前微机上运行 Windows XP 系统属于_____。

A. 单用户单任务操作系统　　　　　B. 单用户多任务操作系统

C. 多用户多任务操作系统　　　　　D. 网络操作系统

6. 算法是解决问题的方法与步骤,算法的设计一般采用_____的逐步求精的方法。

A. 由粗到细、由抽象到具体　　　　B. 由细到粗、由抽象到具体

C. 由粗到细、由具体到抽象　　　　D. 由细到粗、由具体到抽象

7. 计算机系统由硬件和软件两大部分组成,起着对计算机系统进行控制和管理作用的是_____。

A. 硬件　　　　　　　　　　　　　B. 操作系统

C. 编译系统　　　　　　　　　　　D. 应用程序

8. 通常称已经运行了_____的计算机为"虚计算机"。

A. BIOS　　　　　　　　　　　　　B. 操作系统

C. 语言处理程序　　　　　　　　　D. 数据库管理系统

9. 下列属于文字处理软件的是_____。

A. WPS　　　　B. 3DMAX　　　　C. Excel　　　　D. Access

10. 下列软件中,全都属于应用软件的是_____。

A. WPS、Excel、AutoCAD
B. Windows XP、QQ、Word
C. Photoshop、DOS、Word
D. Unix、WPS、PowerPoint

11. 关于空间复杂度是算法所需存储空间大小的度量,以下叙述中正确的是_____。

A. 它和求解问题的规模关系密切
B. 它反映了求解问题所需的时间多少
C. 不同的算法解决同一问题的空间复杂度通常相同
D. 它与求解该问题所需处理时间成正比

12. 操作系统的作用之一是_____。

A. 将源程序编译为目标程序
B. 实现企业目标管理
C. 控制和管理计算机系统的软硬件资源
D. 实现软硬件的转换

13. 操作系统主要是对计算机系统的全部_____进行管理,以方便用户提高计算机使用效率的一种系统软件。

A. 应用软件
B. 系统软件
C. 资源
D. 设备

14. 操作系统的主要职责中不包括_____。

A. 管理计算机软硬件资源
B. 提供友善的用户界面
C. 清除计算机中的病毒
D. 为应用程序的开发和运行提供一个高效率的平台

15. 在 PC 机加电后,首先从_____中读出引导程序,再由引导程序负责将 Windows 操作系统装入内存。

A. BIOS ROM
B. CMOS
C. RAM
D. 磁盘或光盘的引导扇区

16. 一个算法应至少包含_____输出。

A. 0 个
B. 一个
C. 一个以上
D. 多个

17. 算法和程序的首要区别在于一个程序不一定满足_____。

A. 具有 0 个或多个输入量
B. 至少有一个输出
C. 确定性
D. 有穷性

18. Unix 是一个采用_____语言编制而成的系统软件。

A. Pascal
B. 宏
C. 汇编
D. C

19. 以下关于 Windows 操作系统文件管理的叙述中,错误的是_____。

A. 子目录中可以存放文件的说明信息,也可以存放文件夹的说明信息,从而构成树状的目录结构

B. 根目录中只能存放文件夹的说明信息,不能存放文件的说明信息

C. 磁盘上的文件分配表(FAT)能够反映出该磁盘的使用状况

D. 某个磁盘上的文件分配表被病毒破坏后,该磁盘将无法正常读出文件

20. 数据库管理系统是一种_____。

A. 专用软件　　　　B. 应用软件　　　　C. 系统软件　　　　D. 自由软件

21. 以下软件系统中,完全属于系统软件的一组是_____。

A. Windows 2000、编译系统、操作系统

B. 接口软件、操作系统、图形处理工具

C. 财务管理软件、编译系统、数据库管理系统

D. Windows 98、接口软件、Office 2000

22. 下面关于 CPU 的叙述中,错误的是_____。

A. CPU 的运算速度与主频、Cache 容量、指令系统、运算器的逻辑结构等都有关系

B. Pentium Ⅳ和 Pentium 的指令系统不完全相同

C. 不同公司生产的 CPU 其指令系统不会互相兼容

D. Pentium Ⅳ与 80386 的指令系统保持向下兼容

23. 下列编程语言中,_____是面向机器的低级语言。

A. 汇编语言　　　　　　　　　　B. Basic 语言

C. Fortran 语言　　　　　　　　　D. C++语言

24. 操作系统提供的设备管理主要是对_____的管理。

A. CPU 和内存　　　　　　　　　B. I/O 设备和外存储器

C. 内存和 I/O 设备　　　　　　　D. 总线和 CPU

25. 计算机启动时,引导程序在对计算机系统进行初始化后,把_____程序装入主存储器。

A. 编译系统　　　　　　　　　　B. 系统功能调用

C. 操作系统核心部分　　　　　　D. 服务性程序

26. 将高级语言编写的源程序翻译成计算机可执行代码的软件称为_____。

A. 汇编程序　　　　　　　　　　B. 编译程序

C. 管理程序　　　　　　　　　　D. 服务程序

27. 程序设计语言包含语法、语义和语用三方面,基本成分包括_____。

A. 数据、传输、运算　　　　　　B. 数据、运算、控制

C. 数据、运算、控制、传输　　　D. 顺序、分支、重复

28. 下列几种高级语言中,主要应用于人工智能领域的是_____。

A. C 语言　　　　B. Java　　　　C. LISP　　　　D. Fortran

29. 高级语言都采用结构化程序设计方法,理论上已经证明了求解计算问题框架都可用三种基本控制结构来描述。这三种结构中不包括_____。

A. 顺序结构　　　　　　　　　B. 条件选择结构

C. 重复结构　　　　　　　　　D. 控制结构

30. 在高级语言中,"if…else…"属于高级语言中的_____成分。

A. 数据　　　　B. 运算　　　　C. 控制　　　　D. 传输

31. 一般认为,计算机算法的基本性质有_____。

A. 确定性、有穷性、能行性、产生输出

B. 可移植性、可扩充性、能行性、产生输出

C. 确定性、稳定性、能行性、产生输出

D. 确定性、有穷性、稳定性、产生输出

32. 以下说法中,正确的是_____。

① 编译程序是为把高级语言书写的计算机程序翻译成面向计算机的目标程序而使用的计算机程序;

② 就执行速度而言,编译程序比解释程序快;

③ 解释程序是用来逐句分析执行源程序语句的计算机程序;

④ 使用编译程序时,因为是逐句地翻译执行源程序的语句,所以可逐条语句执行。

A. ①②③④　　　B. ①②③　　　C. ②③④　　　D. ④

33. 以下说法中,正确的是_____。

A. 汇编程序是将汇编语言书写的源程序翻译成由机器指令和其他信息组成的目标程序

B. 就执行速度而言,编译程序比解释程序慢

C. 编译程序是将机器语言翻译成高级语言

D. 编译程序是用来逐句分析执行源程序语句的计算机程序

34. 算法是求解问题的步骤,由于求解问题的不同而千变万化,但都必须满足基本性质,下列不一定要满足的是_____。

A. 确定性　　　B. 有穷性　　　C. 可行性　　　D. 输入

35. 数据结构研究的主要内容包括_____。

① 数据的逻辑结构;　② 数据的存储结构;　③ 数据的运算;　④ 算法。

A. ①②③④　　　B. ②③④　　　C. ①②③　　　D. ①②④

36. 下列有关算法的叙述中,错误的是_____。

A. 算法至少产生一个输出

B. 算法在执行了有穷步的运算后终止

C. 一个好的算法应该是时间代价和空间代价同时为最小

D. 算法的每一步都有确切的含义

37. 一个好的算法,不应该包括_____。

A. 正确性

B. 执行算法时占用的存储空间要多

C. 执行算法时占用的时间要少

D. 算法要易理解、易调试和易测试

38. 著名的计算机科学家尼·沃思曾经提出了_____。

A. 数据结构+算法=程序　　　　　　B. 存储控制结构

C. 存储程序控制　　　　　　　　　　D. 控制论

39. 下列叙述中,错误的是_____。

A. 程序就是算法,算法就是程序

B. 程序是用某种计算机语言编写的语句的集合

C. 软件的主体是程序

D. 只要软件运行环境不变,它们功能和性能不会发生变化

40. 下列操作系统中,不能作为网络服务器操作系统的是_____。

A. Windows 98　　　　　　　　　　B. Windows NT Server

C. Windows 2000 Server　　　　　　D. Unix

41. 当计算机加电启动到正常工作时,下列四个软件的执行顺序为_____。

① 加电自检程序;　② 操作系统;　③ 引导程序;　④ 自举程序。

A. ①②③④　　　　　　　　　　　　B. ①③②④

C. ③②④①　　　　　　　　　　　　D. ①④③②

42. 程序设计语言的语言处理程序属于_____。

A. 系统软件　　　B. 应用软件　　　C. 分布式系统　　　D. 实时系统

43. 下列关于机器语言与高级语言的说法中,正确的是_____。

A. 机器语言程序比高级语言程序可移植性差

B. 机器语言程序比高级语言程序可移植性强

C. 机器语言程序比高级语言程序执行得慢

D. 有了高级语言,机器语言就无存在的必要了

44. 如果多用户分时系统的时间片固定,那么_____,CPU 响应越慢。

A. 用户数越少　　　　　　　　　　　B. 用户数越多

C. 硬盘容量越小　　　　　　　　　　D. 内存容量越大

45. 当运行一个 Word 程序时,它与 Windows 操作系统之间的关系是_____。

A. 前者调用后者的功能　　　　　　B. 后者调用前者的功能

C. 两者互相调用　　　　　　　　　　D. 不能互相调用,各自独立运行

46. 使用 Windows 2000 或 Windows XP,如果要查看当前正在运行哪些应用程序,可以使用的系统工具是＿＿＿＿。

A. 资源管理器　　　　　　　　　　　B. 设备管理器
C. 网络监视器　　　　　　　　　　　D. 任务管理器

47. 下列关于操作系统处理器管理的说法中,错误的是＿＿＿＿。

A. 处理器管理的主要目的是提高 CPU 的使用效率
B. "分时"是指将 CPU 时间划分成时间片,轮流为多个程序服务
C. 多任务处理要求计算机必须有多个 CPU
D. Windows 操作系统采用并发多任务方式支持系统中多个任务的执行

48. 下列功能中,不是操作系统所具有的是＿＿＿＿。

A. 处理器管理　　　　　　　　　　　B. 程序设计
C. 存储管理　　　　　　　　　　　　D. 文件管理

49. 理论上已经证明有了＿＿＿＿三种控制结构,就可以编写任何复杂的计算机程序。

A. 程序、返回、处理　　　　　　　　　B. 输入、处理、输出
C. 顺序、选择、重复　　　　　　　　　D. 数据、运算、传输

50. 下列选项中,＿＿＿＿不能作为算法的表示形式。

A. 流程图　　　　B. 文字说明　　　　C. E-R 图　　　　D. 伪代码

3.4.3　填空题

1. 按照软件权益如何处置,我们通常把软件分为商品软件、共享软件和＿＿＿＿＿＿三大类。

2. 操作系统主要功能包括处理器管理、存储管理、文件管理和＿＿＿＿＿等几个方面。

3. AutoCAD 属于通用应用软件中的＿＿＿＿＿＿类别。

4. 现在操作系统一般都采用＿＿＿＿＿技术进行存储管理。

5. 2001 年微软公司推出的＿＿＿＿＿＿是一个既适合家庭用户,也适合商业用户使用的新型操作系统。

6. 文件由存放在目录中的文件说明信息和存放在磁盘数据区中的＿＿＿＿组成。

7. 除了＿＿＿＿＿＿程序外,其他程序设计语言编写的程序都不能直接在计算机上执行。

8. Java 语言是于 1995 年正式对外公布的一种面向＿＿＿＿的,用于网络环境的程序设计语言。

9. 计算机直接能处理机器语言编写的程序,而高级语言编写的程序称为源程序,要执行高级语言源程序须进行_____。

10. Windows XP 操作系统中,交换文件的文件名是_____。

11. 在以"家庭成员"为数据元素的数据结构中,各元素之间的逻辑关系具有层次性,这种数据结构称为_____。

12. _____和数据结构设计是程序设计的主要内容。

13. PC 机加电启动时,在正常情况下,执行了 BIOS 中的加电自检程序后,计算机将执行 BIOS 中的_____。

14. 负责管理计算机的硬件和软件资源,为应用程序开发和运行提供高效率平台的软件是_____。

15. 高级程序设计语言种类繁多,但其基本成分可归纳为四种,其中对处理对象的类型说明属于高级语言中的_____成分。

16. 当多个程序共享内存资源时,操作系统的存储管理程序将把内存与_____结合起来,提供一个容量比实际内存大得多的"虚拟存储器"。

17. Windows 中的文件目录也称为文件夹,它采用_____结构。

18. Windows 2000 和 Windows XP 属于_____操作系统。

19. 一个算法的好坏,除了考虑其正确性外,还应考虑执行算法所要占用的计算机资源,包括时间资源和_____两个方面。

20. 程序语言中的控制成分包括顺序结构、_____和重复结构。

21. 有一种具有承上启下功能,作为应用软件与各种系统软件之间使用的标准化编程接口和协议的软件,我们称之为_____。

22. GUI 的中文意思是_____。

23. 软件的主体是程序,程序的核心是_____。

24. 常用的线性数据结构有线性表、栈和_____等。

25. 线性表的存储结构一般有两种方式,一种是数组形式的顺序结构,另一种是_____结构。

4 计算机网络与因特网

4.1 内容简介

本章介绍了计算机网络的基本知识与 Internet 应用基础。主要内容包括：数字通信的基本原理；交换技术；计算机网络的组成与分类；局域网的特点与组成；常见局域网的种类；局域网的服务与网络软件；常用的广域网接入技术；分组交换与存储转发机制；常见的广域网种类；网络互连的协议标准 TCP/IP；IP 地址的基本概念；IP 数据报格式；路由器的功能与通信过程；因特网的概念；主机地址与域名系统；电子邮件系统与远程文件传输系统的原理与应用；WWW 的功能及应用；网络信息安全措施的原理与作用；计算机病毒的防范。

4.2 基本概念

1. 通信：从现代通信的角度，通信是指使用电波或光波传递信息的技术，又称为电信。

2. 模拟通信：直接传输信源产生的模拟信号或者通过用模拟信号对载波调制后进行传输。

3. 数字通信：将信源产生的模拟信号转换为数字信息（或信源本身就是数字信号），然后直接传输数字信号或通过用数字信号对载波进行数字调制来传输信息。

4. 调制与解调技术：信息传输时，利用信源信号去调整（改变）载波的某个参数（幅度、频率或相位），这个过程称为"调制"；经过调制后的载波携带着被传输的信号到达目的地时，接收方再把载波所携带的信号检测出来恢复为原始信号的形式，这个过程称为"解调"。

5. 多路复用技术：为了提高传输线路的利用率，降低通信成本，一般总是让多路信号同时共用一条传输线路进行传输。

6. 计算机网络：是利用通信设备和网络软件，把地理上分散而各自具有独立工作能力的多台计算机（或其他智能设备）以相互共享资源和信息传递为目的而连接起来的一个系统。

7. 计算机网络的类型：局域网、广域网和城域网。

8. 计算机网络的两种基本工作模式：对等网和客户机/服务器模式。

9. 网络服务：文件服务、打印服务、消息传递服务和应用服务。

10. 帧（Frame）：为了使得在网络上的节点都能得到迅速而公平的服务，将局域网每个节点传输的数据分成的小块。

11. 局域网类型：以太网（Ethernet）、光纤分布式数字接口网（FDDI）和无线局域网。

12. 分组（Packet）：在计算机网络中传输数据时预先划分的数据包，它是网络信息传输的基本单位。

13. 分组交换机：广域网中的电子交换机称为分组交换机或包交换机，它负责把包从一个场地送到另一外场地。

14. 存储转发：当交换机收到一个包后，检查该数据包的目的地址，决定应该送到哪个端口进行发送。由于有许多包必须在同一个端口发送，包交换机的每个端口都有一个缓冲区（队列），需要发送的包存放在该端口的缓冲区中，端口每发完一个包，就从缓冲队列中提取下一个包进行发送。

15. 路由表：交换机中存储的一张数据报文的目的地址与输出端口关系的对应表。

16. 路由器：是一台用于完成异构网络互连的专用计算机，它的任务是将一个网络中源计算机发出的 IP 数据报转发到另一个网络中的目标计算机中。

17. DNS：域名服务系统（Domain Name System），负责把域名翻译成 IP 地址的软件。

18. TCP/IP：传输控制协议与网际协议。ISO 规定的 TCP/IP 协议分为四层：第一层为网络接口和硬件层（以太网、FDDI、X. 25、ATM 等）；第二层为网络互连层（IP）；第三层为传输层（TCP 或 UDP）；第四层为应用层（SMTP、HTTP、FTP 等）。其主要特点如下：

（1）适用于多种异构网络互连；

（2）确保可靠的端-端通信；

（3）与操作系统紧密结合；

（4）既支持面向连接服务，也支持无连接服务。

19. FTP：文件传输协议。

20. SMTP：简单邮件传输协议。

21. HTTP：超文本传输协议。

22. HTML：超文本标记语言，是 W3C 制定的一种标准的超文本描述语言。

23. URL：统一资源定位器，包括服务类型、主机名与网页的位置。

24. 因特网接入方式：电话拨号接入、不对称数字用户线技术、电缆调制解调技术和光纤接入网等。

25. 因特网提供的服务：电子邮件、WWW 和 FTP。

26. 防火墙：用于将因特网的子网与因特网的其余部分相隔离，以维护网络与信息安全的一种软件或硬件设备。

27. 计算机病毒：是一种人为编写的具有寄生性的计算机程序，能通过自我复制进行传播，对计算机系统造成一定的甚至严重的破坏。

4.3 学习指导

计算机网络是学生比较感兴趣的内容，但要注意学习的重点，计算机网络安全的内容较难，可以只作一般的了解，没有必要花很多时间去研究。具体要求：掌握通信的基本概念和基本原理，掌握计算机网络的基本概念和分类，掌握局域网的特点与组成，了解几种常用的局域网，熟悉局域网提供的功能与服务，初步理解网络的两种工作模式，了解构成局域网的几种常用的接入技术，懂得广域网的构成和分组交换机的功能，理解广域网的通信过程与路由表的作用，初步了解 TCP/IP 协议的作用，熟悉 IP 地址的格式与分类，初步懂得路由器的功能与通信过程，熟悉域名与 IP 地址的关系，理解域名系统的作用和工作过程，了解电子邮件系统和远程文件传输系统(FTP)的大体原理与工作过程，了解 WWW 的功能、组成及其应用，掌握 HTML、URL、HTTP 和 Web 浏览器等的作用与原理，初步理解网络信息安全措施如身份认证、访问控制、数据加密、数字签名、防火墙、病毒防范等的原理与作用。

4.3.1 重点

1. 通信的三个要素：信息的发送者(信源)、信息的接收者(信宿)和信息的载体与传播媒介(信道)。

2. 按使用传输介质不同，通信分有线通信和无线通信两大类。

(1) 有线通信的传输介质分为双绞线、同轴电缆和光缆，它们各有其特点和应用；

(2) 无线通信在自由空间进行信号传输，传输的是电磁波信号。

3. 计算机网络的分类

(1) 按覆盖的地域范围分：局域网、城域网、广域网；

(2) 按网络使用性质分：公用网和专用网；

(3) 按使用范围和对象分：企业网、政府网、金融网、校园网。

4. 局域网的拓扑结构：总线型、环型、树型、星型、网型。

5. 常用的局域网：以太网、光纤分布式数字接口网、无线局域网。

6. 局域网提供的服务：文件服务、打印服务、消息服务、应用服务。

7. 分组交换与存储转发机制（见基本概念）。

8. 路由表的作用：包交换机每收到一个包时，必须选择一条路径来转发这个包，为此每一台交换机都必须有一张表（称为路由表），用来给出目的地址与输出端口的关系。为了能使广域网正确运转，路由表必须包含所有可能目的地的下一站交换机位置，而且下一站的交换机必须是指向目的地的最短路径。

9. TCP/IP 协议（见基本概念）。

10. IP 地址的基本概念与分类

（1）为了实现计算机相互通信，必须给每一台计算机分配唯一的地址（简称 IP 地址），在网络上发送的每个包中，都必须包含发送方主机（源）的 IP 地址和接收方主机（目的）的 IP 地址。IP 地址由网络号和主机号两部分组成，前者用来指明主机所从属的物理网络的编号，后者是主机在物理网络中的编号。

（2）IP 地址分为五类

A 类：拥有大量主机，用二进制表示的最高位为"0"；

B 类：主机规模适中的网络，用二进制表示的最高两位都是"10"；

C 类：主机数量不超过 254 台，用二进制表示的最高两位都是"110"；

D 类：用二进制表示的最高两位都是"1110"，用于组播地址；

E 类：用二进制表示的最高两位都是"1111"，备用。

11. IP 数据报的基本格式：IP 数据报由两部分组成，即头部和数据区。头部的信息主要是为了确定在网络中进行数据传输的路由，内容包括发送数据报的计算机的 IP 地址、接收数据报的计算机的 IP 地址、IP 协议的版本号、头部长度、数据报长度、服务类型；数据部分的长度小于 64 KB。

12. 路由器的基本概念与作用

（1）用于连接异构网络的基本设备是路由器（router），它是一台用于完成网络互连工作的专用计算机，可以把局域网与局域网、局域网与广域网、广域网与广域网互相连接起来，而被连接的两个网络不必使用同样的技术。

（2）路由器的任务是将一个网络中源计算机发出的 IP 数据报转发到另一个网络中的目标计算机中，由于不同类型的物理网络使用的帧格式和编址方案不同，路由器每收到一个数据报后，需要完成路由选择、帧格式转换、IP 数据报的转发等任务。

13. 域名系统的功能：把域名翻译成 IP 地址的软件称为域名系统（DNS）。运行域名系统的主机叫域名服务器。一般的，每一个网络均要设置一个域名服务器，通过它来实现入网主机名字和 IP 地址的转换。

14. 电子邮箱的构成、电子邮件的组成及使用电子邮件系统的方法及步骤

（1）每一个电子邮箱都有一个唯一的邮件地址。邮件地址由两部分组成，第 1

部分为邮箱名,第 2 部分为邮箱所在的主机域名,两者用"@"隔开。

(2) 电子邮件由三部分组成,第 1 部分是邮件的头部,包括发送方地址、接收方地址、抄送方地址、主题等;第 2 部分是邮件的正文,即信件的内容;第 3 部分是邮件的附件,附件中可以包含一个或多个任意类型的文件。

(3) 使用电子邮件的用户应在自己的电脑中安装一个电子邮件程序,该程序由两部分组成,一是邮件的读写程序,它负责撰写、编辑和阅读邮件;另一部分是邮件的传送程序,它负责发送邮件和从邮箱取出邮件。发送邮件时,邮件传送程序必须与远程的邮件服务器建立 TCP 连接,并按照 SMTP 协议传输邮件。如果接收方邮箱在服务器中确实存在,才可以进行邮件的发送,以确保邮件不会丢失。接收邮件时,按照 POP3 协议向邮件服务器提出请求,只要用户输入正确的身份信息,就可以对自己的邮箱内容进行访问。邮件服务器上运行的软件一方面执行 SMTP 协议,负责接收电子邮件并将它存入收件人的邮箱;另一方面还执行 POP3 协议,鉴别邮件用户身份,对收件人邮箱的存取进行控制。

15. FTP 的功能:因特网上的文件传输服务采用了 FTP 协议,该协议规定,需要进行文件传输的两台计算机应按照 C/S 模式工作。主动要求文件传输的发起方是客户方,运行 FTP 客户程序;参与文件传输的另一方为服务方,运行 FTP 服务器程序。两者协同完成文件传输任务。

16. URL 的组成:统一资源定位器简称 URL,由两部分组成,第 1 部分指出客户端希望得到主机提供的哪一种服务,第 2 部分是主机名和网页在主机上的位置。其表示形式为

$$http://主机域名[:端口号]/文件路径/文件名$$

17. 计算机网络的主要安全问题:身份验证、访问控制、数据加密、数据完整性、数据可用性、防止否认、审计管理。

18. 常用的数据技术:对称密钥加密和公共密钥加密。

19. 计算机病毒的特点

(1) 破坏性;

(2) 隐蔽性;

(3) 传染性和传播性;

(4) 潜伏性。

4.3.2　难点

1. 分组交换与路由。

2. 数据加密。

4.3.3 教学建议

建议理论教学 8 课时,对计算机网络的硬件设备可通过一些实物或图片进行介绍。为方便讲解网络知识,建议多媒体教室电脑能上网,如电子邮件、文件传输服务、远程登录、WWW 服务都可以通过网络实际操作进行演示讲解,使教学更加具体生动。

4.4 习题

4.4.1 判断题

1. 使用双绞线作为通信传输介质,具有成本低、可靠性高、传输距离长等优点。　　　　　　　　　　　　　　　　　　　　　　　　　　　　　　　(　)

2. 计算机网络是一个非常复杂的系统,网络中的所有的软件硬件设备必须遵循一定的协议才能高度协调的工作。　　　　　　　　　　　　　　　　　(　)

3. 建立计算机网络的最主要目的是实现资源共享。　　　　　　　　(　)

4. 无线局域网需使用无线网卡、无线接入点等设备,无线接入点英文简称为WAP 或 AP,俗称为"热点"。　　　　　　　　　　　　　　　　　　　　(　)

5. 防火墙的基本工作原理是对流经它的 IP 数据报进行扫描,检查其 IP 地址和端口号,确保进入子网和流出子网的信息的合法性。　　　　　　　　　(　)

6. 网络操作系统是运行在服务器上的、提供网络资源共享功能并负责管理整个网络的一种操作系统。　　　　　　　　　　　　　　　　　　　　　(　)

7. 交换式局域网是一种总线型拓扑结构的网络,多节点独享一定带宽。(　)

8. 一个网络可能会使用几种不同的通信介质,如光缆、同轴电缆、双绞线等。
　　　　　　　　　　　　　　　　　　　　　　　　　　　　　　　(　)

9. 局域网与广域网最大的区别在于网络规模,一个局域网不能拥有任意多的计算机,也不能让计算机连接到任意距离的站点上,而广域网可以。　　(　)

10. 电话系统中的数字通信线路是用来传输数字话音的,所以不能用来传输数据。　　　　　　　　　　　　　　　　　　　　　　　　　　　　　　(　)

11. 在分布计算模式下,用户不仅可以使用自己的计算机进行信息处理,还可以从网络共享其他硬件、软件和数据资源。　　　　　　　　　　　　　　(　)

12. 以太网是最常用的一种局域网,网络中所有的结点都通过以太网卡连接到网络中,实现相互间的通信。　　　　　　　　　　　　　　　　　　　(　)

13. 从网络功能而言,广域网与局域网两者并无本质区别,只是数据传输速率相差很大。　　　　　　　　　　　　　　　　　　　　　　　　　　　　(　)

14. 构建无线局域网时,必须使用无线网卡才能将 PC 机接入网络。 （　　）

15. 所有加密技术都只是改变了符号的排列方式,因此只要对密文进行重新排列、组合就很容易解密了。 （　　）

16. 拨号上网的用户可以动态获得一个 IP 地址。 （　　）

17. 网络中每一台主机只能有一个 IP 地址,也只能有一个域名。 （　　）

18. TCP/IP 协议是目前应用最为广泛的协议,它由 TCP(传输控制协议)和 IP(网际协议)组成。 （　　）

19. 路由器是用于完成网络互连工作的专用计算机,所以路由器也和网络中的每一台计算机一样,拥有一个 IP 地址。 （　　）

20. TCP/IP 协议能实现多种异构网络的互连。 （　　）

21. 一个实际的通信网络包含有终端设备、传输线路、交换器等多种设备,其中传输线路和交换器等就构成了传输信息的信道。 （　　）

22. 在考虑网络安全问题时,必须首先正确评估系统信息的价值,确定相应的安全要求与措施。 （　　）

23. 许多 FTP 服务器允许用户使用一个特殊的账号:anonymous。 （　　）

24. 防止否认只是指发送方要求接收方保证不否认已经收到的信息。 （　　）

25. 因特网防火墙是安装在 PC 机上仅用于防止病毒入侵的硬件系统。

（　　）

26. 网络上安装了 Windows 操作系统的计算机,可设置共享文件夹,同组成员彼此之间可相互共享文件资源,这种工作模式称为对等模式。 （　　）

27. 数字签名是采用加密的附加信息来验证消息发送方的身份,以鉴别对方消息的真伪。 （　　）

28. FTP 服务器要求客户提供用户名(或匿名)和口令,然后才可以进行文件传输。 （　　）

29. 因特网防火墙可以保护一个单位内部网络使之不受外来的非法访问。

（　　）

30. 病毒对计算机的侵害是不可能长期存在的,因为人们可以开发出杀毒软件杀灭病毒。 （　　）

4.4.2 选择题

1. 下列关于计算机广域网的叙述中,正确的是_____。

A. 使用专用的通信线路,数据传输率很高

B. 网间信息传输的基本原理是分组交换和存储转发

C. 通信方式为广播方式

D. 所有的计算机用户都可以直接接入广域网

2. 我国目前采用"光纤到楼,以太网入户"的做法,使用光纤作为其传输干线,家庭用户上网时数据传输速率一般可达_____。

    A. 几千 Mbps   B. 几百 Mbps   C. 几 Mbps   D. 几 Kbps

3. 将异构的计算机网络进行互连,通常使用的网络互连设备是_____。

    A. 中继器   B. 集线器   C. 路由器   D. 网桥

4. 计算机感染病毒后会产生各种异常现象,但一般不会引起_____。

    A. 文件占用的空间变大了   B. 应用程序运行速度变慢了

    C. 屏幕显示异常图形   D. 主机内的风扇不转了

5. 计算机网络按照其分布范围的大小可以分为_____。

    A. 广域网、局域网和城域网   B. 广域网、局域网和窄带网

    C. 广域网、局域网和宽带网   D. ATM 网、宽带网和窄带网

6. 将两个同类局域网互连,应使用的设备是_____。

    A. 网卡   B. 路由器   C. 网桥   D. 调制解调器

7. 下列关于计算机网络的叙述中,正确的是_____。

    A. 计算机组网的目的主要是为了提高单机运行效率

    B. 网络中所有计算机的操作系统必须相同

    C. 构成网络的多台计算机其硬件配置必须相同

    D. 地理位置分散且功能独立的智能设备也可以接入计算机网络

8. 计算机网络是自主计算机的互连集合,这些计算机通过有线或无线的_____连接起来。

    A. 传输介质   B. 通信线路   C. 媒介   D. 特殊物质

9. 网络上的计算机之间有统一的_____。

    A. 通信线路   B. 通信方式   C. 通信协议   D. 通信模式

10. 计算机网络发展的推动力是_____。

    A. 资源共享的需要   B. 人们广泛的关注

    C. 社会的发展   D. 计算机的普及

11. 下列关于 TCP/IP 协议标准的主要特点的叙述中,错误的是_____。

    A. 适用于多种异构网络的互连

    B. 确保可靠的端－端通信

    C. 所有的操作系统都将遵循 TCP/IP 协议的通信软件作为其内核

    D. TCP/IP 既支持面向连接服务,也支持无连接服务

12. 利用有线电视网和电缆调制解调技术(Cable MODEM)接入互联网有许多优点,下面叙述中错误的是_____。

    A. 无需人工拨号   B. 不占用电话线

    C. 可永久连接   D. 数据传输独享带宽且速率稳定

13. 在组建局域网时,若线路的物理距离超出了规定的长度,一般需要增加_____设备。

　　A. 服务器　　　　　　B. 中继器　　　　　C. 调制解调器　　　D. 网卡

14. 网卡是计算机联网的必要设备之一,以下关于网卡的叙述中,错误的是_____。

　　A. 局域网中的每台计算机中都必须有网卡

　　B. 一台计算机只能有一块网卡

　　C. 不同类型的局域网其网卡不同,不能交换使用

　　D. 网卡借助于网线与网络连接

15. 广域网的包交换机上所连计算机的地址用两段式层次地址表示,某计算机 D 的地址为[3,5],表示:_____上的计算机。

　　A. 连接到 5 号包交换机端口 3　　　　B. 连接到 5 号包交换机端口 13

　　C. 连接到 3 号包交换机端口 5　　　　D. 连接到 15 号包交换机端口 3

16. 在构建计算机局域网时,若将所有计算机均直接连接到同一条通信传输线路上,这种局域网的拓扑结构属于_____。

　　A. 总线结构　　　B. 环型结构　　　C. 星型结构　　　D. 网状结构

17. 广域网交换机端口有两种,连接计算机的端口速度和连接另一个交换机的端口速度分别为_____。

　　A. 较慢、较快　　　B. 较快、较慢　　　C. 较慢、较慢　　　D. 较快、较快

18. 以太网的特点之一是使用专用线路进行数据通信,目前大多数以太网使用的传输介质是_____。

　　A. 同轴电缆　　　B. 无线电波　　　C. 双绞线　　　D. 光纤

19. 关于路由表,以下叙述中错误的是_____。

　　A. 广域网中每台交换机都有一张路由表

　　B. 路由表用来表示包的目的地址与输出端的关系

　　C. 路由表可以进行简化,目的是为了提高交换机的处理速度

　　D. 路由表内容是固定的,可通过硬件实现

20. 在网络中为其他计算机提供共享服务的计算机称为_____。

　　A. 网络协议　　　　　　　　　　B. 网络终端

　　C. 网络拓扑结构　　　　　　　　D. 网络服务器

21. 无线局域网的传输介质用得最多的是_____。

　　A. 无线电波　　　B. 红外线　　　C. 微波　　　D. 光波

22. 为了能正确地将 IP 数据报传输到目的地计算机,数据报头部中必须包含_____。

　　A. 数据文件的地址

B. 发送数据报的计算机 IP 地址和目的地计算机的 IP 地址

C. 发送数据报的计算机 MAC 地址和目的地计算机的 MAC 地址

D. 下一个路由器的地址

23. 下面不属于 TCP/IP 应用层协议的是_____。

A. UDP   B. SMTP   C. FTP   D. Telnet

24. 计算机局域网的基本拓扑结构有_____。

A. 总线型、星型、主从型   B. 总线型、星型、环型

C. 总线型、星型、对等型   D. 总线型、主从型、对等型

25. 下列有关交换机和路由表的说法中,错误的是_____。

A. 广域网中的交换机称为分组交换机或包交换机

B. 每个交换机有一张路由表

C. 路由表中的路由数据是固定不变的

D. 交换机的端口有两种,连接计算机的端口速度较低,连接其他交换机的端口速度较高

26. 下列不是局域网的主要特点的是_____。

A. 可使用公用数据网提供的传输介质进行联网

B. 地理范围有限

C. 数据传输速率高

D. 延迟时间短、误码率低

27. 下列硬件设备中,不属于组建局域网必须的设备是_____。

A. 网络接口卡   B. 网络互连设备

C. 传输介质   D. 网络打印机

28. 关于微波,下列说法中正确的是_____。

A. 短波比微波的波长短

B. 微波的绕射能力强

C. 微波是一种具有极高频率的电磁波

D. 微波仅用于模拟通信,不能用于数字通信

29. 下列关于以太网的说法中,错误的是_____。

A. 采用总线型或星型拓扑结构

B. 传输数据的基本单位是分组

C. 以广播方式通信

D. 采用 CSMA/CD 介质访问控制技术

30. 安装在服务器上的操作系统,一般不选用_____。

A. Unix   B. Windows 98

C. Windows 2000 Server   D. Netware

31. 从地域范围来分,计算机网络可分为局域网、广域网、城域网。将南京和苏州两城市的计算机网络互连起来构成的是_____。

    A. 局域网   B. 广域网   C. 城域网   D. 政府网

32. 分组交换网为了能正确地将用户的数据包传输到目的地计算机,数据包应包含_____。

    A. 包的源地址和包的目的地址   B. 包的 IP 地址

    C. MAC 地址   D. 下一个交换机的地址

33. 网上银行、电子商务等交易过程中,保证数据的完整性就是_____。

    A. 保证传送的数据信息不被第三方监视和窃取

    B. 保证传送的数据信息不被篡改

    C. 保证发送方的真实身份

    D. 保证发送方不能抵赖曾经发送过某数据信息

34. 网络中每台交换机都必须有一张表,用来给出目的地址与输出端口的关系,这张表是_____。

    A. 资源表   B. 数据表   C. 路由表   D. 地址表

35. 广域网的英文缩写为_____。

    A. MAN   B. LAN   C. WAN   D. ATM

36. 衡量计算机网络中数据链路性能的重要指标之一是"带宽"。下面有关带宽的叙述中,错误的是_____。

    A. 数据链路的带宽是该链路的平均数据传输速率

    B. 电信局声称 ADSL 下行速率为 2Mb/s,其实指的是带宽为 2 Mb/s

    C. 千兆校园网的含义是学校中大楼与大楼之间的主干通信线路带宽为 1 Gb/s

    D. 通信链路的带宽与采用的传输介质、传输技术和通信控制设备等密切相关

37. 交换式以太网与总线式以太网在技术上有许多相同之处,下面叙述中错误的是_____。

    A. 使用的传输介质相同   B. 网络拓扑结构相同

    C. 传输的信息帧格式相同   D. 使用的网卡相同

38. 计算机网络的主干线路是一种高速大容量的数字通信线路,目前主要采用的是_____。

    A. 光纤高速传输干线   B. 数字电话线路

    C. 卫星通信线路   D. 微波接力通信

39. 构建以太网使用的交换式集线器与共享式集线器相比,其主要优点在于_____。

    A. 扩大网络容量   B. 降低设备成本

    C. 提高网络带宽   D. 增加传输距离

40. ADSL 称为不对称用户数字线,下列关于它的叙述中,正确的是_____。

A. 下行流传输速率高于上行流传输速率

B. 上网时无法打电话

C. 传输速率高达 1 Gb/s

D. 只能 1 台计算机在线,不能支持多台计算机同时上网

41. 给局域网分类的方法很多,下列_____是按拓扑结构分类的。

A. 有线网和无线网　　　　　　　　　B. 星型网和总线网

C. 以太网和 FDDI 网　　　　　　　　D. 高速网和低速网

42. 下列关于广域网的物理编址,说法错误的是_____。

A. 连接在广域网上的每台计算机都必须有一个地址

B. 每台计算机的物理编址就是它的 IP 地址

C. 分组交换网采用分段编址方案,把一个地址分成两个部分

D. 广域网中每台计算机的物理编址是固定的

43. 广域网允许多台计算机同时进行通信,它的基本工作模式是_____。

A. 分组交换　　　　B. 存储转发　　　　C. 路由选择　　　　D. 冲突检测

44. 分组交换网的路由表中,"下一站"是取决于_____。

A. 包的源地址　　　　　　　　　　　B. 包经过的路径

C. 包的目的地址　　　　　　　　　　D. 交换机所在的位置

45. 下列说法正确的是_____。

A. 客户/服务器模式可以充分利用服务器高性能的处理能力

B. 使用 Windows 98 计算机,若要连接到使用 Windows NT 服务器的网络上,则必须重新安装 Windows NT 操作系统

C. "BT"是因特网上的客户/服务器模式

D. 用电话线可以直接把计算机连接到因特网上

46. 交换式局域网是一种_____结构的网络。

A. 环型　　　　　　B. 总线型　　　　　C. 星型　　　　　　D. 混合型

47. _____提供了网络最基本的核心功能,如网络文件系统、存储器的管理和调度等。

A. 服务器　　　　　　　　　　　　　B. 工作站

C. 服务器操作系统　　　　　　　　　D. 通信协议

48. 适合安装在服务器上使用的操作系统是_____。

A. Windows ME　　　　　　　　　　B. Windows Server 2003

C. Windows 98 SE　　　　　　　　　D. Windows XP

49. 下面关于计算机网络协议的叙述中,错误的是_____。

A. 网络中进行通信的计算机必须共同遵守统一的网络通信协议

B. 网络协议是计算机网络不可缺少的组成部分

C. 计算机网络的结构是分层的,每一层都有相应的协议

D. 协议由操作系统实现,应用软件与协议无关

50. 局域网是指较小地域范围内的计算机网络。下列关于计算机局域网的描述中,错误的是_____。

A. 局域网的数据传输速率高　　　　　B. 通信可靠性好(误码率低)

C. 通常由电信局进行建设和管理　　　D. 可共享网络中的软硬件资源

51. 下列关于计算机网络的叙述中,错误的是_____。

A. 建立计算机网络的主要目的是实现资源共享

B. Internet 也称国际互联网、因特网

C. 计算机网络是在通信协议控制下实现的计算机之间的连接

D. 把多台计算机互相连接起来,就构成了计算机网络

52. TCP/IP 协议中,IP 位于网络分层结构中的_____层。

A. 应用　　　　　　　　　　　　　B. 网络互连

C. 网络接口和硬件　　　　　　　　D. 传输

53. 路由器(Router)用于异构网络的互连,它跨接在几个不同的网络之中,所以使用的 IP 地址个数为_____。

A. 1　　　　　　　　　　　　　　B. 2

C. 3　　　　　　　　　　　　　　D. 连接的物理网络数目

54. 路由器的主要功能是_____。

A. 在传输层对数据帧进行存储转发

B. 将异构的网络进行互连

C. 放大传输信号

D. 用于传输层及以上各层的协议转换

55. 下列有关以太网的叙述中,正确的是_____。

A. 采用点到点方式进行数据通信

B. 信息帧中只包含接收节点的 MAC 地址

C. 信息帧中同时包含发送节点和接收节点的 MAC 地址

D. 以太网只采用总线型拓扑结构

56. 局域网的网络硬件主要包括网络服务器、网络工作站、网卡和_____等设备。

A. 网络拓扑结构　　B. 计算机　　　　C. 传输介质　　　　D. 网络协议

57. 下列关于总线式以太网的说法中,错误的是_____。

A. 采用总线结构　　　　　　　　　B. 传输数据的基本单位称为 MAC

C. 以广播方式进行通信　　　　　　D. 需使用以太网卡才能接入网络

58. 以下关于 TCP/IP 协议的叙述中,正确的是_____。

A. TCP/IP 协议只包含传输控制协议和网络互连协议

B. TCP/IP 协议是最早的网络体系结构国际标准

C. TCP/IP 协议广泛用于异构网络的互连

D. TCP/IP 协议将网络划分为 7 个层次

59. 在有 10 个结点的交换式局域网中,若交换器的带宽为 10 Mbps,则每个结点的可用带宽为_____。

A. 1 Mbps   B. 1 MBPS   C. 10 Mbps   D. 10 MBPS

60. 网络体系结构的国际标准是_____。

A. OSI/RM   B. ATM   C. TCP/IP   D. Internet

61. 下列 IP 地址属于 B 类的是_____。

A. 61. 128. 0. 1   B. 128. 168. 9. 25

C. 202. 199. 5. 2   D. 294. 125. 3. 8

62. 下面有关超文本的叙述中,错误的是_____。

A. 超文本采用网状结构来组织信息,文本中的各个部分按照其内容的逻辑关系互相链接

B. WWW 网页就是典型的超文本结构

C. 超文本结构的文档其文件类型一定是 html 或 htm

D. 微软的 Word 和 PowerPoint 软件也能制作超文本文档

63. IP 地址分为 A、B、C、D、E 五类,其中 A 类地址用_____位二进制表示网络地址。

A. 1   B. 7   C. 8   D. 10

64. IP 地址中,关于 C 类地址说法正确的是_____。

A. 可用于中型网络

B. 在一个网络中最多只能连接 254 台设备

C. 此类 IP 地址用于多目的地址发送

D. 此类 IP 地址作以后扩充

65. 若某用户 E-mail 地址为 shikbk@online. sb. cn,那么邮件服务器的域名是_____。

A. shikbk   B. online

C. online. sb. cn   D. sb. cn

66. 若用户在域名为 mail. nankai. edu. cn 的邮件服务器上申请了一个账号,账号名为 wang,则该用户的电子邮件地址是_____。

A. mail. nankai. edu. cn@wang   B. wang@mail. nankai. edu. cn

C. wang%mail. nankai. edu. cn   D. mail. nankai. edu. cn%wang

67. 下列选项中不是计算机病毒的是_____。

A. 震荡波　　　　　B. 千年虫　　　　　C. 欢乐时光　　　　　D. 冲击波

68. 计算机病毒是_____。

A. 一种用户误操作的后果　　　　　　B. 一种专门侵蚀硬盘的霉菌

C. 一类具有破坏性的文档　　　　　　D. 一类具有破坏性的程序

69. 下列关于计算机病毒的叙述中,错误的是_____。

A. 凡软件能用到的计算机资源(程序、数据、硬件)均能受病毒破坏

B. 大多数病毒隐藏在可执行程序或数据文件中,可通过仔细观察发现病毒

C. 病毒能从一文件扩散到其他文件

D. 病毒可能会长时间潜藏在合法程序中

70. Internet 使用 TCP/IP 协议实现了全球范围内的计算机网络的互连,连接在 Internet 上的每一台主机都有一个 IP 地址,下列可作为一台主机 IP 地址的是_____。

A. 202.115.1.0　　　　　　　　　B. 202.115.1.255

C. 202.115.255.1　　　　　　　　D. 202.115.255.255

71. 对于电子邮件中能包含的信息,下列说法中正确的是_____。

A. 只能是文字

B. 只能是文字与图像信息

C. 只能是文字与声音信息

D. 可以包含文字、声音和图像等各种信息

72. 计算机网络的安全是指_____。

A. 网络中设备环境安全　　　　　　B. 网络使用者的安全

C. 网络可共享资源的安全　　　　　D. 网络财产安全

73. 网址 www.zj.gov.cn 中的 gov 表示_____。

A. 商业网站　　　　B. 国际机构　　　　C. 教育机构　　　　D. 政府网站

74. 在网上进行银行卡支付时常常弹出动态"软键盘",让用户输入银行账户密码,其最主要的目的是_____。

A. 方便用户操作　　　　　　　　B. 尽可能防止"木马"盗取用户信息

C. 提高软件的运行速度　　　　　D. 为了查杀"木马"病毒

75. 甲通过网络发消息签订合同,随后又反悔,不承认发过该消息。为了防止这种情况发生,应在计算机网络中采用_____。

A. 消息认证　　　　　　　　　　B. 数据加密技术

C. 防火墙技术　　　　　　　　　D. 数字签名技术

76. _____不是身份鉴别常用的方法。

A. 使用口令　　　　　　　　　　B. 鉴别对象的信物

C. 鉴别对象的生理和行为特征　　　　　D. 数据加密

77. 下列有关网络操作系统的叙述中,错误的是＿＿＿＿。

A. 网络操作系统通常安装在服务器上运行

B. 网络操作系统必须具备强大的网络通信和资源共享功能

C. 网络操作系统应能满足用户的任何操作请求

D. 利用网络操作系统可以管理、检测和记录客户机的操作

78. 公共密钥加密技术给每个用户分配一对密钥,其中一个是保密的只有用户本人知道,这种密钥叫＿＿＿＿。

A. 公共密钥　　　　B. 私有密钥　　　　C. 保密密钥　　　　D. 常规密钥

79. 口令、帐户属于＿＿＿＿。

A. 数字签名　　　　B. 身份鉴别　　　　C. 授权管理　　　　D. 消息认证

80. 为了防止已经备份了重要数据的 U 盘被病毒感染,应该＿＿＿＿。

A. 将 U 盘存放在干燥、无菌的地方

B. 将该 U 盘与其他 U 盘隔离存放

C. 将 U 盘定期格式化

D. 将 U 盘写保护

81. 在公共密钥加密技术中,对于用公共密钥加密的消息,使用相应的＿＿＿＿能解密。

A. 加密密钥　　　　B. 私有密钥　　　　C. 公共密钥　　　　D. 对称密钥

82. 在浏览 Web 网页时,需要用到统一资源定位器(URL)来标识 WWW 网中的信息资源,如 http://home. microsoft. come/mail/index. htm,其中每一个部分的含义依次是 ＿＿＿＿。

A. 传输协议 http、目录名 home. microsoft. come、主机域名 main、文件名 index. htm

B. 主机域名 http、服务协议 home. microsoft. come、文件路径 main、文件名 index. htm

C. 目录名 http、主机域名 home. microsoft. come、服务标志 main、文件名 index. htm

D. 传输协议 http、主机域名 home. microsoft. come、文件路径 main、文件名 index. htm

83. 下列关于防火墙的说法中,错误的是＿＿＿＿。

A. 可以保护单位内部网络,使之不受来自外部的非法访问

B. 互不信任的单位间联网最好使用防火墙

C. 防火墙可以是一台计算机,也可以集成在路由器中

D. 不会对内部网络访问外界网络产生影响

84. 下面关于网络信息安全措施的叙述中,正确的是_____。

A. 带有数字签名的信息是未泄密的

B. 防火墙可以防止外界接触到内部网络,从而保证内部网络的绝对安全

C. 数据加密的目的是在网络通信被窃听的情况下仍然保证数据的安全

D. 使用最好的杀毒软件可以杀掉所有的病毒

85. 关于数字签名,下列说法不正确的是_____。

A. 可以保证数据在传输过程的安全性

B. 可以防止交易中抵赖的发生

C. 可以对发送者的身份进行验证

D. 数字签名可以鉴别信息来源

86. 常用的最简单的防火墙技术是_____。

A. 代理服务器技术　　　　　　　　　B. 应用级网关技术

C. 包过滤技术　　　　　　　　　　　D. 混合型防火墙技术

87. Internet 所使用的最基本、最重要的协议是_____。

A. NCP 协议　　　　　　　　　　　　B. IPX/SPX 协议

C. TCP/IP 协议　　　　　　　　　　D. OSI/RM 协议

88. 远程登录使用的协议是_____。

A. SMTP　　　　　B. POP3　　　　　C. TELNET　　　　D. IMAP

89. 下列有关网络对等工作模式的叙述中,正确的是_____。

A. 对等工作模式的网络中的每台计算机要么是服务器,要么是客户机,角色
是固定的

B. 对等工作模式的网络中可以没有专门的硬件服务器,也可以不需要网络管
理员

C. Google 搜索引擎服务是因特网上对等工作模式的典型实例

D. 对等工作模式适用于大型网络,安全性较高

90. Internet 来源于单词_____。

A. LAN　　　　　　　　　　　　　　B. WAN

C. Interconnection＋Network　　　　D. MAN

91. 主机域名 www. jh. zj. cn 由四个主域组成,其中最高层的域名是_____。

A. www　　　　　B. cn　　　　　　C. zj　　　　　　D. jh

92. Internet 是由_____发展起来的。

A. NSFNET　　　　B. MILNET　　　　C. ESNET　　　　D. ARPANET

93. 在 TCP/IP 参考模型的应用层包括了所有的高层协议,其中用于实现网
络设备名字到 IP 地址映射的网络服务是_____。

A. DNS　　　　　　B. SMTP　　　　　C. FTP　　　　　D. TELNET

94. TCP 是因特网中常用的_____层协议之一。

    A. 物理   B. 传输   C. 应用   D. 网络互连

95. 电子邮件客户端应用程序向邮件服务器发送邮件时使用的协议是_____。

    A. SMTP   B. POP3   C. TCP   D. IP

96. 因特网用户的电子邮件地址格式应是_____。

    A. 用户名@单位网络名   B. 单位网络名@用户名

    C. 邮件服务器名@用户名   D. 用户名@邮件服务器名

97. 因特网为人们提供了庞大的网络资源,下列关于因特网的功能的叙述中,错误的是_____。

    A. 电子邮件   B. WWW 浏览   C. 程序编译   D. 文件传输

98. WWW 是因特网增长最快的一种信息服务,其主要特点是采用_____技术。

    A. 数据库   B. 超文本   C. 视频   D. 页面交换

99. 日常所说的"上网访问网站",就是访问存放在_____上的信息。

    A. 网关   B. 网桥   C. Web 服务器   D. 路由器

100. Web 浏览器由许多程序模块组成,通常不包含在内的是_____。

    A. 控制程序和用户界面   B. HTML 解释器

    C. 网络接口程序   D. DBMS

101. IP 地址是因特网中用来标识局域网和主机的重要信息,如果 IP 地址的主机地址每一位均为"0",则该 IP 地址是指_____。

    A. 因特网的主服务器   B. 因特网某一子网的服务器地址

    C. 该主机所在物理网络本身   D. 备用的主机地址

102. 信息系统中信息资源的访问控制是保证信息系统安全的措施之一,下面关于访问控制的叙述中,错误的是_____。

    A. 访问控制可以保证对信息的访问进行有序的控制

    B. 访问控制是在用户身份鉴别的基础上进行的

    C. 访问控制就是对系统内每个文件或资源规定各个用户对它的操作权限

    D. 访问控制使得每一个用户的权限都各不相同

103. 下面是一些常用的文件类型,其中_____文件类型是最常用的 WWW 网页文件。

    A. txt 或 text   B. htm 或 html

    C. gif 或 jpeg   D. wav 或 au

104. 确保网络信息安全的目的是为了保证_____。

    A. 计算机能持续运行   B. 网络能高速运行

C. 信息不被泄露、篡改和破坏　　　　　　　D. 计算机使用人员的人身安全

105. 下面对于网络信息安全的认识正确的是＿＿＿＿＿＿。

A. 只要加密技术的强度足够高,就能保证数据不被非法窃取

B. 访问控制的任务是对每个文件或信息资源规定各个用户对它的操作权限

C. 硬件加密的效果一定比软件加密好

D. 根据人的生理特征进行身份鉴别的方式在单机环境下无效

106. 在 TCP/IP 网络中,任何计算机必须有一个 IP 地址,而且＿＿＿＿＿＿。

A. 任意两台计算机的 IP 地址不允许重复

B. 任意两台计算机的 IP 地址允许重复

C. 不在同一城市的两台计算机的 IP 地址允许重复

D. 不在同一单位的两台计算机的 IP 地址允许重复

107. 下列几种措施中,可以增强网络信息安全的是＿＿＿＿＿＿。

① 身份鉴别;　　② 访问控制;　　③ 数据加密;　　④ 数字签名。

A. 仅①②③　　　　　　　　　　　　　B. 仅①③④

C. 仅①②④　　　　　　　　　　　　　D. ①②③④均可

108. 在 Internet 中,通常不需用户输入账号和口令的服务是＿＿＿＿＿＿。

A. FTP　　　　　　　　　　　　　　　B. E-mail

C. TELNET　　　　　　　　　　　　　D. HTTP(网页浏览)

109. 下列说法正确的是＿＿＿＿＿＿。

A. 网络中的路由器可不分配 IP 地址

B. 网络中的路由器不能有 IP 地址

C. 网络中的路由器应分配两个以上的 IP 地址

D. 网络中的路由器只能分配一个 IP 地址

110. 在使用域名访问因特网上的资源时,由网络中的一台服务器将域名翻译成 IP 地址,该服务器简称为＿＿＿＿＿＿。

A. DNS　　　　　B. TCP　　　　　C. IP　　　　　D. BBS

111. 因特网每台主机的域名中,有一段为国家或地区代码,如中国的国家代码为 CN,英国的国家代码为＿＿＿＿＿＿。

A. USA　　　　　B. AMR　　　　　C. UK　　　　　D. 空白

112. 在以符号名为代表的因特网主机域名中,代表商业组织的第 2 级域名是＿＿＿＿＿＿。

A. com　　　　　B. edu　　　　　C. net　　　　　D. gov

113. 下列 IP 地址中错误的是＿＿＿＿＿＿。

A. 62.26.1.2　　　　　　　　　　　　B. 78.1.0.0

C. 223.268.129.1　　　　　　　　　　D. 202.119.2.45

114. 计算机病毒是对计算机系统有破坏性的_____。

A. 操作系统　　　　　　　　　　　B. 生物病毒

C. 计算机程序　　　　　　　　　　D. 高级语言的编译程序

115. 因特网为我们提供了一个海量的信息库,为了快速地找到需要的信息,必须使用搜索引擎,下面不是搜索引擎的是_____。

A. Google　　　　B. Adobe　　　　C. 百度　　　　D. 天网

116. 下列网络协议中,与收、发、撰写电子邮件无关的协议是_____。

A. POP3　　　　B. SMTP　　　　C. MIME　　　　D. TELNET

117. 因特网整个网络的名字空间分为许多不同的域,每个域又可以划分为若干子域,子域的个数通常不超过_____个。

A. 3　　　　　　B. 6　　　　　　C. 4　　　　　　D. 5

118. 下面关于电子邮件的叙述中,错误的是_____。

A. 发送和接收电子邮件时使用的应用层协议都是 SMTP

B. mymail@hotmail.com 是一个合法的电子邮件地址

C. 每个电子邮箱拥有唯一的邮件地址

D. 电子邮件的收信人地址可以不止一个

119. WWW 目前已成为因特网上最广泛使用的一种服务,下面关于 WWW 服务的叙述中,错误的是_____。

A. WWW 服务是按客户/服务器模式工作的

B. Web 浏览器通过超文本传输协议向服务器发出请求

C. Web 服务器程序是一个复杂的软件,Web 服务器结构比 Web 浏览器复杂

D. Web 浏览器不仅能下载、浏览网页,而且还能完成 E-mail、TELNET、FTP 等其他因特网服务

120. Internet 的域名结构是树状的,顶级域名不包括_____。

A. usa(美国)　　　　　　　　　　B. com(商业部门)

C. edu(教育)　　　　　　　　　　D. cn(中国)

4.4.3　填空题

1. IEEE 802.3 标准使用一种简易的命名方法,代表各种类型的以太网。以 100 Base T 为例,100 表示数据传输速率为 100 _____。

2. 计算机网络的主要目的是实现计算机资源的共享,这些共享的资源主要是指计算机硬件、软件和_____。

3. 以太网中,数据以_____为单位在网络中传输。

4. 在交换式局域网中有 50 个节点,若交换机的带宽为 50 Mb/s,则每个节点的可用带宽为_____Mb/s。

5. 为了实现任意两个节点间的通信,局域网中的每个节点都有一个唯一的物理地址,称为＿＿＿＿＿＿＿＿＿＿＿。

6. 局域网在网络拓扑上主要采用了星型、环型和＿＿＿＿＿＿＿＿。

7. 计算机网络有两种基本的工作模式,它们是＿＿＿＿＿＿＿＿＿＿＿和客户/服务器(C/S)模式。

8. TCP/IP 协议标准将计算机网络通信划分为应用层、传输层、网络互连层、网络接口和硬件层等 4 个层次,其中 IP 协议属于＿＿＿＿＿＿＿＿＿＿层。

9. 要发送电子邮件就需要知道对方的邮件地址,邮件地址包括邮箱名和邮箱所在的主机域名,两者中间用＿＿＿＿＿＿隔开。

10. 在计算机网络中,为了确保网络中不同的计算机之间能正确地传送和接收数据,它们必须遵循一组共同的规则和约定,这些规则、规定或标准通常被称为＿＿＿＿＿＿。

11. 光纤接入网按照主干系统和配线系统的交界点的位置可划分为光纤到路边、光纤到小区、光纤到大楼和＿＿＿＿＿＿＿＿＿＿＿。

12. 广域网允许多台计算机同时进行通信,它的基本工作模式是＿＿＿＿＿＿＿。

13. 集线器有总线式和＿＿＿＿＿＿之分。

14. 无线局域网是局域网与＿＿＿＿＿＿＿＿技术相结合的产物。

15. 无线局域网采用的协议主要有 802.11 和＿＿＿＿＿＿标准。

16. 计算机与电话网连接时必须使用＿＿＿＿＿＿＿＿＿＿把数字信号调制成模拟音频信号进行传输。

17. 目前大多数以太网使用的传输介质是＿＿＿＿＿＿＿和光纤。

18. 数据通信网采用的是＿＿＿＿＿＿交换技术。

19. 为了使分组交换网能够正确运行,网络中的所有交换机都必须有一张＿＿＿＿＿＿。

20. 最典型的消息传递服务是＿＿＿＿＿＿＿＿,其他如网上聊天和 QQ 网络电话等都是消息服务的不同形式。

21. ＿＿＿＿＿＿＿＿＿＿＿是运行在服务器上的、提供网络资源共享功能并负责管理整个网络的一种操作系统。

22. 网络上的每一台设备,包括工作站、服务器以及打印机等都被称为网络上的一个＿＿＿＿＿＿。

23. 以太网中,检测和识别信息帧中 MAC 地址的工作由＿＿＿＿＿＿完成。

24. 无线局域网中使用最多的传输介质是＿＿＿＿＿＿＿＿＿。

25. 计算机网络的分类方法很多,按照网络的使用性质可以分为＿＿＿＿＿＿和专用网。

26. 用户在运行浏览器时,需要用 URL 来访问 Web 服务器上的网页,URL

的全称是＿＿＿＿＿＿＿＿＿＿＿＿。

27. 用户可以把自己的机器当作一台终端,通过因特网挂接到远程的大型或巨型机上,然后作为它的用户使用其资源。因特网所提供的这种服务称为＿＿＿＿＿＿＿＿。

28. 在域名系统中,每个域可有不同的组织管理,每个组织可以将它的域再分成一系列的＿＿＿＿＿。

29. TCP/IP 是一个协议系列,其中 TCP 是传输控制协议,IP 是＿＿＿＿＿＿＿。

30. WWW 是采用＿＿＿＿＿＿＿＿＿模式工作的,Web 服务器上运行着服务器程序,客户机上运行着客户机程序。

31. 通常把 IP 地址分为 A、B、C、D、E 五类,IP 地址 130.24.35.2 属于＿＿＿＿＿类。

32. DNS 服务器实现入网主机域名和＿＿＿＿＿＿＿＿的转换。

33. 在 TCP/IP 协议簇中,HTTP 协议是＿＿＿＿层协议。

34. 访问中国教育科研网中南京大学(nju)校园网内的一台名为 netra 的服务器,输入域名＿＿＿＿＿＿＿＿＿＿即可。

35. 目前,IP 地址(第四版)由＿＿＿＿位的二进制数字组成。

36. 在域名系统中,每个域可以再分成一系列的子域,但不能超过＿＿＿级。

37. 网络用户经过授权后可以访问其他计算机硬盘中的数据和程序,网络提供的这种服务称为＿＿＿＿服务。

38. 每个 IP 地址至少应包含网络号和＿＿＿＿两个内容。

39. A 类 IP 的特征是其二进制表示的最高位为＿＿＿＿。

40. IPv6 将地址长度扩展到＿＿＿＿位。

41. 把域名翻译成 IP 地址的软件称为＿＿＿＿＿＿＿＿。

42. 文件传输协议的英文简称是＿＿＿＿。

43. ＿＿＿＿＿＿＿指的是证实某人或某物的真实身份与其所声称的身份是否相符的过程。

44. 每块以太网卡都有一个全球唯一的＿＿＿＿地址,该地址由 6 个字节(48 个二进位)组成。

45. 计算机病毒是一些人蓄意编制的一种具有寄生性和自我复制能力的＿＿＿＿＿＿＿＿。

46. SMTP 是＿＿＿＿＿＿＿＿协议。

47. 网页中的起始页称为＿＿＿＿。

48. IP 数据报由两部分组成,即头部和＿＿＿＿。

49. 用于连接异构网络的基本设备是＿＿＿＿。

50. 目前的 IP 地址是用＿＿＿＿个十进制数字来表示的。

51. 在计算机网络中,由若干台计算机共同完成一个大型信息处理任务,通常称这样的信息处理方式为分布式信息处理。这里所说的"若干台计算机",至少应有_____台计算机。

52. 从概念上讲,WWW 网是按 C/S 模式工作的,客户计算机必须安装的软件称为_____。

53. 微软公司提供的免费即时通信软件是_____。

54. 以太网是最常用的一种局域网,传统的共享式以太网采用_____方式进行通信,一台计算机发出的数据其他计算机都可以收到。

55. 如果登录 QQ 后想使用其提供的功能,但又不想让别人打扰你,可以选择_____登录方式。

56. 某公司局域网结构如下图所示,多个以太网交换机按性能高低组成了一个千兆位以太网,为获得较好的性能,部门服务器应当连接在_____交换机上。

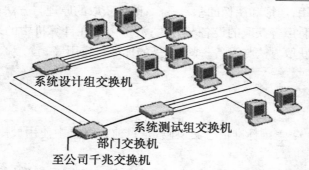

57. 计算机网络是以共享_____和信息传递为目的,把地理上分散而功能各自独立的多台计算机利用通信手段有机地连接起来的一个系统。

58. 使用计算机对数据进行加密时,通常将加密前的原始数据(消息)称为_____,加密后的数据称为密文。

59. 主机地址每一比特位都为"0"的 IP 地址是_____地址,用来表示该主机所属的整个物理网络。

60. 两个异构的局域网通过一个路由器互连,则路由器上应至少配置_____个 IP 地址。

5　数字媒体及应用

5.1　内容简介

　　本章介绍了计算机中各种数字媒体(包括文本、图形图像、声音、视频等)的表示方法及应用。主要内容包括：GB 2312、GBK 和 GB 18030 三种汉字编码标准的内容、关系与应用；图形和图像的基本概念；图像获取的原理与方法；计算机图形的合成过程与应用；声音获取的设备与方法；波形声音在计算机中的表示、标准与应用；数字视频的获取方法与设备；视频压缩的标准与应用等。

5.2　基本概念

　　1. ASCII 码：美国标准信息交换码，是目前计算机中使用最广泛的西文字符编码。

　　2. GB 2312 汉字编码：1981 年我国颁布了第一个国家标准《信息交换用汉字编码字符集·基本集》(GB 2312)。该标准选出 6763 个常用汉字和 682 个非汉字字符，每一个 GB 2312 汉字使用 16 位(2 个字节)表示。

　　3. GBK 汉字内码扩展规范：是我国 1995 年发布的又一个汉字编码标准，它共有 21003 个汉字和 883 个图形符号。GBK 汉字使用双字节表示，与 GB 2312 向下兼容。

　　4. UCS/Unicode：为了实现全球数以千计的不同语言文字的统一编码，国际标准化组织(ISO)将全球所有文字字母和符号集中在一个字符集中进行统一编码，称为 UCS 标准，对应的工业标准称为 Unicode。

　　5. GB 18030 汉字编码标准：为了既能与 UCS/Unicode 标准接轨，又能保护我国已有的大量汉字信息资源，我国在 2000 年和 2005 年两次发布 GB 18030 汉字编码国家标准。GB 18030 实际上是 Unicode 字符集的另一个编码方案，它采用不等长的编码方法，分别有单字节、双字节和四字节的编码。GB 18030 标准一方面与 GB 2312 和 GBK 保持向下兼容，同时还扩充了 UCS/Unicode 中的其他字符。

　　6. 超文本：采用网状结构(非线性)来组织信息，各信息块按照其内容的关系互相连接,除了传统的顺序阅读方式外,还可以通过链接、跳转、导航、回溯等操作实现对文本内容更方便的访问。

7. 图像(image):是从现实世界中通过数字化设备获取的图像,称为取样图像、点阵图像或位图图像。

8. 图形(graphics):是计算机合成的图像,称为矢量图形。

9. 像素(pel):一幅取样图像由 M(列)×N(行)个取样点组成,每个取样点是组成取样图像的基本单位,称为像素。

10. 视频:指内容随时间变化的一个图像序列,也称为活动的图像。

11. 计算机动画:用计算机制作可供实时演播的一系列连续画面的一种技术。

12. VOD:是视频点播(或点播电视)技术的简称,即用户可以根据自己的需要收看电视节目。VOD 技术从根本上改变了用户只能被动收看电视的状况。

5.3 学习指导

本章主要学习计算机中数据的表示方法及各种媒体的概念及应用,重点要掌握图像、声音及视频的数字化过程,其他内容熟悉或了解就可以了。具体要求:了解西文和汉字的编码,理解 GB 2312、GBK 和 GB 18030 三种汉字编码标准的内容、关系与应用;熟悉中文文本准备的方法,掌握常用文本编辑与处理软件的功能与应用;懂得数字图像获取的原理和方法以及图像的表示及常用文件格式,掌握数字图像处理的内容与应用,理解计算机图形的生成过程及应用;掌握数字声音获取的方法与设备,熟悉波形声音在计算机中的表示标准与应用,熟悉数字声音的压缩编码,初步了解语音合成和音乐合成的基本原理与应用;了解数字视频获取的方法与设备,熟悉视频压缩编码的几种标准与应用,初步懂得计算机动画的制作过程。

5.3.1 重点

1. 图形与图像的基本概念。

2. 图像的数字化过程:扫描、分色、取样和量化。

3. 图像描述信息(属性):图像大小(图像分辨率)、颜色空间类型(颜色模型)、像素深度。

4. 图像数据量(单位:字节)的计算公式

　　　　图像数据量=图像水平分辨率×图像垂直分辨率×像素深度/8

5. 图像压缩的两种类型:无损压缩和有损压缩。

6. 常用的图像文件格式:BMP、TIF、GIF、JPEG、JP2 等。

7. 声音信号数字化的三个步骤:取样、量化和编码。

8. 声卡的功能：既参与声音的获取，也负责声音的重建，控制并完成声音的输入与输出，包括波形声音的获取与数字化、声音的重建与播放、MIDI 声音的输入、合成与播放。

9. 声音播放的两个步骤：首先把声音从数字信号形式转换为模拟信号形式，即声音的重建；然后将模拟信号经处理与放大送到扬声器发出声音。

10. 声音重建的三个步骤：解码、数模转换和插值。

11. 波形声音的主要技术参数：取样频率、量化位数、声道数目、压缩编码方法及比特率。

12. 波形声音未压缩前的码率计算公式

$$波形声音的码率＝取样频率×量化位数×声道数$$

5.3.2　难点

1. 图像的压缩编码。
2. 声音信号的数字化过程。

5.3.3　教学建议

建议理论教学 6 课时，对波形声音的获取可以通过媒体播放器进行一些声音的录制和存储，提高学生学习的兴趣，加深对波形声音概念的理解。有条件的单位也可通过数码相机或数码摄像机等工具对图像和数字视频的获取进行实例讲解。

5.4　习题

5.4.1　判断题

1. TIF 文件格式是一种在扫描仪和桌面出版领域中广泛使用的图像文件格式。　　　　　　　　　　　　　　　　　　　　（　　）

2. 我国有些城市已开通了数字有线电视，只要用户家中配置了互动机顶盒，就能回看近几天已播的电视节目，这就是 VOD（点播电视）的一种应用。　（　　）

3. 通常，显示器使用的颜色模型是 RGB，彩色打印机使用的是 YUV。（　　）

4. GB 18030 采用单字节、双字节和四个字节的不等长的编码方法，且与 GBK、GB 2312 兼容。　　　　　　　　　　　　　　　　　（　　）

5. UCS-2 采用双字节编码，对于其中的汉字，用其字义和读音来进行编码。　　　　　　　　　　　　　　　　　　　　　　　（　　）

6. UCS（通用多 8 位编码字符集）与 GB 2312 兼容。　　　　　（　　）

7. BMP 是微软公司提出的一种通用图像文件格式，几乎所有 Windows 应用

软件都能支持它。　　　　　　　　　　　　　　　　　　　　（　　）

　　8.　UCS/Unicode 规定,全世界使用的所有字符都使用 2 个字节进行编码。

　　　　　　　　　　　　　　　　　　　　　　　　　　　　（　　）

　　9.　汉字从键盘录入到存储,涉及汉字输入码和区位码。　　　（　　）

　　10.　数据压缩分为有损压缩和无损压缩两种类型,无损压缩解压缩后重建的图像与原始图像完全相同。　　　　　　　　　　　　　　　　　（　　）

　　11.　计算机中图形图像信息都是以文件的形式存储的,它们的文件格式有许多种,可以通过扩展名来识别,常见的文件扩展名有 BMP、GIF、JPG 等。（　　）

　　12.　若图像大小为 300×200 分辨率,则它在 600×400 分辨率的屏幕上显示时占屏幕的二分之一。　　　　　　　　　　　　　　　　　　（　　）

　　13.　图像是计算机从现实世界中通过数字化设备直接获取的,图形是计算机根据景物在计算机内的描述而合成的。　　　　　　　　　　　　（　　）

　　14.　图像的大小也称为图像的分辨率,若图像大小超过了屏幕分辨率(或窗口),则屏幕上只显示出图像的一部分,其他多余部分将被截掉而无法看到。

　　　　　　　　　　　　　　　　　　　　　　　　　　　　（　　）

　　15.　GIF 格式图像可形成动画效果,因而在网页制作中大量使用。　（　　）

　　16.　利用扫描仪输入计算机的机械零件图属于计算机图形。　（　　）

　　17.　JPEG 图像压缩比是用户可以控制的,压缩比越低,图像质量越好。

　　　　　　　　　　　　　　　　　　　　　　　　　　　　（　　）

　　18.　数码相机是数字图像获取设备,存储容量是数码相机的一项重要性能,不论拍摄质量如何,存储容量大的数码相机可拍摄的相片数量肯定比存储容量小的相机多。　　　　　　　　　　　　　　　　　　　　　　（　　）

　　19.　灰度图像的像素只有一个亮度分量。　　　　　　　　（　　）

　　20.　声音信号的量化精度与声音的保真度成反比。　　　　（　　）

　　21.　MPEG-1 声音压缩编码是国际上第一个高保真声音数据压缩的国际标准,它分为四个层次。　　　　　　　　　　　　　　　　　　（　　）

　　22.　杜比数字 AC-3 是美国杜比公司开发的多声道全频带声音编码系统。

　　　　　　　　　　　　　　　　　　　　　　　　　　　　（　　）

　　23.　人的说话声音频率范围约为 300～3 400 kHz。　　　　（　　）

　　24.　语音信号的取样频率一般为 8 kHz,音乐的取样频率应在 40 kHz 以上。

　　　　　　　　　　　　　　　　　　　　　　　　　　　　（　　）

　　25.　数字光盘 DVD 采用 MPEG-2 作为视频压缩标准。　　（　　）

　　26.　PhotoShop 是有名的图像编辑处理软件之一。　　　　（　　）

　　27.　媒体播放器软件播放 MIDI 音乐时,必须通过声卡的音乐合成器生成声音信号。　　　　　　　　　　　　　　　　　　　　　　　　（　　）

28. 数字视频的数据压缩率可以达到很高,几十甚至几百倍是很常见的。

　　　　　　　　　　　　　　　　　　　　　　　　　　　　(　)

29. 视频卡可以将输入的模拟视频信号进行数字化,生成数字视频。 (　)

30. 可视电话的终端设备功能较多,它集摄像、显示、声音与图像的编/解码等功能于一体。 　　　　　　　　　　　　　　　　　　　　　(　)

5.4.2　选择题

1. 汉字字符集(GB 2312 - 80)规定每个汉字用＿＿＿＿。

A. 1 个字节表示　　　　　　　　　B. 2 个字节表示

C. 3 个字节表示　　　　　　　　　D. 4 个字节表示

2. HTML 文件＿＿＿＿。

A. 是一种简单文本文件

B. 既不是简单文本文件,也不是丰富格式文本文件

C. 是一种丰富格式文本文件

D. 不是文本文件,所以不能被记事本打开

3. 在 Word 文档"doc1"中,把文字"图表"设为超链接,指向一个名为"Table1"的 Excel 文件,则链宿为＿＿＿＿。

A. 文字"图表"　　　　　　　　　B. 文件"Table1. xls"

C. Word 文档"doc1. doc"　　　　　D. Word 文档的当前页

4. 音频文件的类型有多种,下列＿＿＿＿文件类型不属于音频文件。

A. WMA　　　　　B. WAV　　　　　C. MP3　　　　　D. BMP

5. 不同的文档格式有不同的特点,大多数 Web 网页使用的格式是＿＿＿＿。

A. RTF 格式　　　B. HTML 格式　　　C. DOC 格式　　　D. TXT 格式

6. 把模拟的声音信号转换为数字形式有很多优点,以下不属于其优点的是＿＿＿＿。

A. 数字声音能进行数据压缩,有利于存储和传输

B. 数字声音容易与文字等相互结合(集成)在一起

C. 数字形式存储的声音复制时没有失真

D. 波形声音经过数字化处理后,其音质将大为改善

7. 下列关于简单文本与丰富格式文本的叙述中,错误的是＿＿＿＿。

A. 简单文本由一连串用于表达正文内容的字符的编码组成,它几乎不包含任何格式信息和结构信息

B. 简单文本进行排版处理后以整齐、美观的形式展现给用户,就形成了丰富格式文本

C. Windows 操作系统中的"帮助"文件(. hlp 文件)是一种丰富格式文本

D. 使用微软公司的 Word 软件只能生成 DOC 文件,不能生成 TXT 文件

8. 下面有关超文本的叙述中,错误的是_____。

A. 超文本采用网状结构来组织信息,文本中的各个部分按照其内容的逻辑关系互相链接

B. WWW 网页就是典型的超文本结构

C. 超文本结构的文档其文件类型一定是 html 或 htm

D. 微软的 Word 和 PowerPoint 软件也能制作超文本文档

9. 已知汉字"计"的区号是 28,位号是 38,它的十六进制机内码是_____。

A. $(BCC6)_H$　　　　B. $(C6BC)_H$　　　　C. $(3C46)_H$　　　　D. $(463C)_H$

10. 1 KB 的存储空间中能存储汉字内码的个数为_____。

A. 128　　　　　　B. 256　　　　　　C. 512　　　　　　D. 1024

11. 为了既能与国际标准 UCS(Unicode)接轨,又能保护现有中文信息资源,我国政府发布了_____汉字编码国家标准,它与以前的汉字编码标准保持向下兼容,并扩充了 UCS/Unicode 中的其他字符。

A. GB 2312　　　　B. ASCII　　　　C. GB 18030　　　　D. GBK

12. GB 18030－2000 包含的汉字数目的个数是 _____。

A. 10000 多　　　　　　　　　　B. 20000 多

C. 30000 多　　　　　　　　　　D. 40000 多

13. 通常所说的区位、全拼双音、双拼双音、智能全拼、五笔字型和自然码是不同的_____。

A. 汉字字库　　　B. 汉字代码　　　C. 汉字输入法　　　D. 汉字程序

14. 一个汉字的机内码用 2 个字节来表示,每个字节的二进制码的最高位是_____。

A. 0 和 0　　　　B. 0 和 1　　　　C. 1 和 1　　　　D. 1 和 0

15. 下列字符信息输入方法中,属于印刷体汉字(汉字 OCR)输入的是_____。

A. 把打印在纸上的中西文使用扫描仪输入,并通过专用的软件将其转化为机内码形式

B. 键盘输入

C. 联机手写输入

D. 语音输入

16. 在 Windows 操作系统中,文本文件的扩展名为_____。

A. . doc　　　　B. . pdf　　　　C. . txt　　　　D. . dbf

17. 在未进行数据压缩情况下,图像文件大小与下列_____因素无关。

A. 图像内容　　　　　　　　　　B. 水平分辨率

C. 垂直分辨率　　　　　　　　　D. 像素深度

18. 在中文 Windows 环境下西文使用的是标准 ASCII 码,汉字采用的是 GB 2312 编码,设有一段文本的内码为 CD E3 6D 49 B3 C7 D2 F1,则在这段文本中,含有_____。

　　A. 1 个汉字和 2 个西文字符　　　　　　B. 2 个汉字和 4 个西文字符

　　C. 3 个汉字和 2 个西文字符　　　　　　D. 4 个汉字和 1 个西文字符

19. 在下列汉字编码标准中,不支持繁体汉字的是_____。

　　A. GB 2312 - 1980　　　　　　　　　　B. GBK

　　C. GB 18030　　　　　　　　　　　　　D. BIG5

20. 如果链源是一段文字的话,那么链宿不可以是_____。

　　A. 一段视频　　　　　　　　　　　　　B. 一个图片

　　C. 一个文件　　　　　　　　　　　　　D. 一个字符的编码

21. 下列不是用于文本展现的软件是_____。

　　A. 微软的 Word　　　　　　　　　　　B. Adobe 公司的 Acrobat Reader

　　C. 微软公司的 IE 浏览器　　　　　　　D. Mathworks 公司的 MATLAB

22. 为了使各种丰富格式文本互相交换使用,可以借助于_____中间格式。

　　A. . doc　　　　　　B. . txt　　　　　　C. . rtf　　　　　　D. . dbf

23. 在关于数字电子文本的输出展现过程的叙述中,不应包括_____。

　　A. 对文本的格式描述进行解释　　　　　B. 生成字符和图、表的映像

　　C. 传送到显示器或打印机输出　　　　　D. 对文本进行加密、压缩

24. 使用计算机进行文本编辑和文本处理是常见的两种操作,下列不属于文本编辑的是_____。

　　A. 表格制作和绘图　　　　　　　　　　B. 文字输入

　　C. 定义超链　　　　　　　　　　　　　D. 页眉和页脚

25. 若计算机中相邻两个字节的内容其十六进制形式为 72 和 61,则它们不可能是_____。

　　A. 2 个西文字符的 ASCII 码　　　　　　B. 1 个汉字的机内码

　　C. 1 个 16 位整数　　　　　　　　　　D. 一条指令

26. 评价一种压缩编码方法的优劣,一般不从_____方面考虑。

　　A. 压缩的倍数　　　　　　　　　　　　B. 重建图像的质量

　　C. 计算机的性能　　　　　　　　　　　D. 压缩的算法

27. 下列说法中正确的是_____。

　A. GIF 格式图像常用于扫描仪

　B. TIFF 格式图像常用于因特网

　C. BMP 格式图像常用于桌面出版

　D. JPEG 格式图像常用于数码相机

28. 图像获取的过程实质上是模拟信号的数字化过程,它的处理步骤大体为 _____ 四步。

A. 扫描、取样、分色、量化　　　　B. 扫描、分色、取样、量化

C. 扫描、取样、量化、分色　　　　D. 扫描、量化、取样、分色

29. 为了与使用数码相机、扫描仪得到的取样图像相区别,计算机合成图像也称为 _____。

A. 点阵图像　　　　　　　　　　B. 位图图像

C. 2D 图像　　　　　　　　　　D. 矢量图形

30. 在计算机中存储的每一幅取样图像都有其图像描述信息(属性),下列不是图像属性的是 _____。

A. 图像大小　　　　　　　　　　B. 颜色空间的类型

C. 取样频率　　　　　　　　　　D. 像素深度

31. 下列选项中均用于图像编辑处理的软件是 _____。

A. ACDsee、Photoshop、Microsoft Photo Editor

B. Photoshop、ACDsee、Excel

C. Windows、FrontPage、Fireworks

D. Flash、Photoshop、Outlook Express

32. 一张 1440×810 的图片,若像素深度为 16 位,则该图片约为 _____。

A. 4.6 MB　　　　　　　　　　B. 2.3 MB

C. 3.5 MB　　　　　　　　　　D. 1.2 MB

33. 下面对图像与图形的描述中,正确的是 _____。

A. 图像的获得需要通过专门设备取样得来,该设备称为图像获取设备

B. 图形的获得需要通过专门设备取样得来,该设备称为图形获取设备

C. 图形是未经计算机合成的,又称矢量图

D. 图像是经计算机合成的,又称矢量图

34. 下面描述错误的是 _____。

A. 图像的压缩方法很多,但是一台计算机只能选用一种压缩方式

B. 扫描指将画面分成 $m \times n$ 个网格,形成 $m \times n$ 个取样点

C. 目前二维图形国际标准绘图语言是 GKS

D. 计算机辅助设计简称 CAD

35. 图像处理软件功能主要包括 _____。

① 缩放;　② 区域选择;　③ 声音编辑;　④ 文字处理;　⑤ 图层操作;
⑥ 动画制作。

A. ②④⑤⑥　　　　　　　　　　B. ①③④⑤

C. ①②④⑤　　　　　　　　　　D. ①④⑤⑥

36. 数字图像主要应用在_____领域中。

A. 图像通信、医疗诊断、计算机辅助设计

B. 军事训练、计算机动画、机器人视觉

C. 图像通信、医疗诊断、机器人视觉

D. 军事训练、计算机辅助设计、计算机动画

37. 由三基色 R、G、B 组成的彩色图像,若三个分量的像素位数分别为 4、4、4,则该图像的像素深度和最大颜色数目分别为_____。

A. 8 位,256 色　　　　　　　　　　B. 12 位,4096 色

C. 16 位,65536 色　　　　　　　　　D. 24 位,真彩色

38. 下列对进行数字图像处理的目的的叙述中,错误的是_____。

A. 对图像进行几何变换,以改善图像的视觉质量

B. 图像的压缩能更好地进行存储和传输

C. 提取图像中某些特征信息,为图像处理创造条件

D. 消除退化影响,使其优于理想成像系统所获得的图像

39. 下列文件格式中,图像画质最好_____。

A. ZIP　　　　B. JP2　　　　C. JPEG　　　　D. BMP

40. 一个 300 万像素的数码相机,它可拍摄的分辨率最高为_____。

A. 1280×1024　　　　　　　　　B. 2000×1500

C. 1024×768　　　　　　　　　　D. 1600×1200

41. 使用计算机生成假想景物的图像,其主要步骤是_____。

A. 扫描、取样　　　　　　　　　B. D/A 转换、取样

C. 建模、绘制　　　　　　　　　D. 绘制、建模

42. 下列关于图像的说法中,错误的是_____。

A. 图像获取设备 3D 扫描仪能获取包括深度信息在内的 3D 景物信息

B. BMP 图像格式是 Windows 操作系统下使用的一种标准图像格式

C. 尺寸大的彩色图像数字化后,其数据量必定大于尺寸小的图片的数据量

D. 黑白图像和灰度图像的每个像素只有一个分量,且只用一个二进位表示

43. 下列有关 GIF 图像的描述中,不正确的是_____。

A. 具有累进显示功能,适合网络浏览器观看

B. 支持透明背景

C. 支持动画

D. 颜色数目可达 65536

44. 颜色空间的类型指彩色图像所使用的颜色描述方法,也叫颜色模型。显示器使用 RGB 颜色模型,喷墨彩色打印机采用的颜色模型是_____。

A. YUV　　　　B. HSB　　　　C. CMYK　　　　D. GUI

45. 存放一幅 1024×768 像素的未经压缩的真彩色(24 位)图像,大约需要_____个字节的存储空间。

A. 1024×768×24　　　　　　　　　B. 1024×768×3

C. 1024×768×2　　　　　　　　　D. 1024×768×6

46. 在计算机中为景物建模的方法有多种,这与景物的类型有密切的关系。如对树木、花草、烟火、毛发等,需找出它们的生成规律,并使用相应的算法来描述其规律,这种模型称为_____。

A. 几何模型　　　　　　　　　　　B. 实体模型

C. 过程模型　　　　　　　　　　　D. 线性模型

47. 下列不是矢量绘图软件的是_____。

A. Word　　　　　　　　　　　　B. AutoCAD

C. MAPInfo　　　　　　　　　　D. Dreamweaver

48. 下列属于计算机合成图像应用领域的是_____。

A. 计算机辅助设计、计算机制作石油开采图、作战指挥和军事训练

B. 计算机辅助制造、气象卫星云图、计算机动画

C. 计算机制作地形图、产品质量检测、视频会议

D. 机器人视觉、卫星遥感、作战指挥

49. 假设数据传输速率为 56 kb/s(电话上网),则传输一幅分辨率为 640×480 的 6.5 万种颜色的未压缩图像的时间为_____秒。

A. 87.8　　　　　B. 78.9　　　　　C. 88.7　　　　　D. 90

50. 下列使用小波变换压缩编码的图像文件格式是_____。

A. BMP　　　　　B. TIF　　　　　C. JPEG　　　　　D. JP2

51. 目前在计算机中描述乐谱的标准是_____。

A. MP3　　　　　B. WAV　　　　　C. RA　　　　　D. MIDI

52. 音乐信号的取样频率应在_____以上。

A. 40 kHz　　　　B. 8 kHz　　　　C. 12 kHz　　　　D. 16 kHz

53. 语音信号的取样频率一般为_____。

A. 40 kHz　　　　B. 8 kHz　　　　C. 12 kHz　　　　D. 16 kHz

54. 可播放 1 小时的 CD 盘片上存储的立体声高保真全频带数字音乐数据量大约是_____。

A. 700 MB　　　　　　　　　　　B. 635 MB

C. 500 MB　　　　　　　　　　　D. 550 MB

55. MPEG-1 声音压缩编码是国际上第一个高保真声音数据压缩的国际标准,它分为_____个层次。

A. 1　　　　　B. 2　　　　　C. 3　　　　　D. 4

56. 人的说话声音频率范围约为_____。

    A. 300～3400 Hz   B. 300～3400 kHz

    C. 20～20000 Hz   D. 20～20000 kHz

57. 数字光盘 DVD 采用的视频压缩编码标准是_____。

    A. MPEG-1   B. MPEG-2   C. MPEG-3   D. MPEG-4

58. 单面单层 120 mm DVD 光盘存储容量大约为_____。

    A. 128 MB   B. 650 MB   C. 4.7 GB   D. 9.4 GB

59. 声音与视频信息在计算机内是以_____形式表示的。

    A. 模拟或数字   B. 模拟

    C. 二进制数字   D. 调制

60. 声波是模拟信号,为了使用计算机进行处理,必须将它转换成二进制数字编码的形式,这个过程称为声音信号的数字化。以下声音信号数字化过程顺序正确的是_____。

    A. 取样、量化、A/D 转换   B. A/D 转换、取样、编码

    C. 量化、取样、编码   D. 取样、量化、编码

61. 下列属于波形声音获取设备的是_____。

    A. 麦克风和耳机   B. 麦克风和声卡

    C. 耳机和声卡   D. 扩音器和声卡

62. 把模拟声音信号转换为数字形式有很多优点,以下不属于其优点的是_____。

    A. 数字声音能进行数据压缩,传输时抗干扰能力强

    B. 数字声音易与其他媒体相互集成

    C. 数字形式存储的声音重放性好

    D. 将波形声音经过数字化处理,从而使其数据量变小

63. 未进行压缩的波形声音的码率为 64 kb/s,若已知取样频率为 8 kHz,量化位数为 8,那么它的声道数是_____。

    A. 1   B. 2   C. 3   D. 4

64. 使用 16 位二进制编码表示声音与使用 8 位二进制编码表示声音的效果不同,前者比后者_____。

    A. 噪音小,保真度低,音质差   B. 噪音小,保真度高,音质好

    C. 噪音大,保真度低,音质差   D. 噪音大,保真度高,音质好

65. 我们从网上下载的 MP3 音乐,采用的全频带声音压缩编码标准是_____。

    A. MPEG-1 层 3   B. MPEG-3

    C. Dolby AC-3   D. MIDI

66. 对某人说话的声音进行数字化,若采样频率为 8 kHz,量化位数为 8 位,单声道,则其未压缩时的码率为_____。

A. 64 kB/s　　　　B. 128 kB/s　　　　C. 64 kb/s　　　　D. 128 kb/s

67. 以下不是声卡功能的是_____。

A. 波形声音的获取与编码　　　　B. 波形声音的重建与播放

C. MIDI 消息的输入与合成　　　　D. MIDI 音乐的编辑与修改

68. 数字波形声音是使用二进位表示的一种串行比特流,其数据按时间顺序进行组织,文件扩展名为_____。

A. .mp3　　　　B. .wav　　　　C. .midi　　　　D. .ra

69. Windows 附件中娱乐类的"录音机"程序是一个非常简单的声音编辑器,以下不是其功能的是_____。

A. 录制声音　　　　B. 格式转换

C. 生成音乐乐谱　　　　D. 声音的效果处理

70. 声音重建的原理是将数字声音转换为模拟声音信号,其工作过程是_____。

A. 取样、量化、编码　　　　B. 解码、D/A 转换、插值

C. A/D 转换、插值、编码　　　　D. 插值、D/A 转换、编码

71. 下列均为视频文件扩展名的是_____。

A. .avi,.dat　　　　B. .wav,.mid

C. .txt,.doc　　　　D. .bmp,.jpg

72. 未压缩时数字波形声音的码率跟_____无关。

A. 取样频率　　　　B. 量化位数　　　　C. 声道数　　　　D. 编码标准

73. 虽然不是国际标准但在数字电视、DVD 和家庭影院中广泛使用的一种多声道全频带数字声音编码系统是_____。

A. MPEG-1　　　　B. MPEG-2　　　　C. MPEG-3　　　　D. Dolby AC-3

74. 数字音频文件数据量最小的是_____。

A. MP3　　　　B. WAV　　　　C. AIF　　　　D. MIDI

75. 以下不是 MIDI 音乐优点的是_____。

A. 数据量很小　　　　B. 音质与硬件设备相关

C. 易于制作和编辑修改　　　　D. 可以与波形声音同时播放

76. VCD 采用的视频压缩标准是_____。

A. MPEG-1　　　　B. MPEG-2　　　　C. MPEG-3　　　　D. MPEG-4

77. 以下软件中,不能用来播放 DVD 的是_____。

A. 豪杰超级解霸　　　　B. POWER DVD

C. 金山影霸　　　　D. Authorware

78. 在某声音的数字化过程中,使用 44.1 kHz 的取样频率,16 位量化位数,则采集四声道的该声音 1 分钟需要的存储空间为 _____。

　　A. 165.375 MB　　　　　　　　　　B. 21.168 MB

　　C. 20.187 MB　　　　　　　　　　D. 10.584 MB

79. 我国彩色电视信号的帧频为_____帧/s。

　　A. 25　　　　　　B. 60　　　　　　C. 85　　　　　　D. 100

80. 以下四种光盘片中,目前普遍使用、价格又最低的是_____。

　　A. DVD-R　　　　B. CD-R　　　　C. CD-RW　　　　D. DVD-RW

81. 数字视频信息的数据量相当大,对它们进行存储、处理和传输都是极大的负担,为此必须对数字视频信息进行压缩编码。目前国际上采用的数字视频压缩编码标准有多种,在数字电视中采用的标准是_____。

　　A. MPEG-1　　　　B. MPEG-2　　　　C. MPEG-4　　　　D. MPEG-7

82. 视频(Video)又叫运动图像或活动图像(Motion Picture),以下对视频的描述错误的是_____。

　　A. 视频内容随时间而变化

　　B. 视频具有与画面动作同步的伴随声音(伴音)

　　C. 视频信息的处理是多媒体技术的核心

　　D. 数字视频的编辑处理需借助磁带录放机进行

83. PC 机中用于视频信号数字化的设备称为_____,它能将输入的模拟视频信号及伴音进行数字化后存储在硬盘上。

　　A. 视频采集卡　　　B. 声卡　　　　C. 图形卡　　　　D. 多功能卡

84. 以下_____不是数字视频的获取设备。

　　A. 视频采集卡　　　B. 数字摄像头　　C. 数码摄像机　　D. MP4

85. 多媒体计算机系统需要表示、传输和处理大量的声音、图像甚至影视视频信息,其数据量之大是非常惊人的,因此必须研究高效的_____技术。

　　① 流媒体;　　② 数据压缩编码;　　③ 数据压缩解码;　　④ 图像融合。

　　A. ①和②　　　　B. ②和③　　　　C. ②和④　　　　D. ③和④

86. 数字摄像机中的数据需要导入计算机,那么这两者常用接口的类型是_____。

　　A. SCSI　　　　　B. IDE　　　　　C. USB　　　　　D. SATA

87. 目前,适合于交互和移动式多媒体应用,包括虚拟现实、远程教学、手机等的视频压缩编码的标准是_____。

　　A. H.261　　　　B. MPEG-1　　　　C. MPEG-2　　　　D. MPEG-4

88. MP4 不具有的功能是_____。

　　A. 观看视频　　　　　　　　　　　B. 播放音乐

C. 可以上网 D. 可以自由安装软件

89. 以下关于 Macromedia 公司的 Flash 制作的动画的叙述中,错误的是_____。

A. 图片不可以放大和缩小,否则清晰度会降低

B. 生成文件后缀为.swf,且文件很小,便于在因特网上传输

C. 采用流媒体技术,可以边下载边播放

D. 用户可控制播放过程

90. 下列关于数字图像技术和计算机图形学的描述中,错误的是_____。

A. 灰度图像的每个取样点只有一个亮度值

B. 计算机图形学主要研究使用计算机描述景物并生成其图像的原理、方法和技术

C. 常用于网页传输的 GIF 格式图像采用了无损压缩

D. 利用扫描仪输入计算机的机械零件图属于计算机图形

91. 单面单层 DVD 光盘可记录_____分钟左右的影视节目。

A. 60 B. 120 C. 150 D. 180

92. 以下_____不是数字电视的优点。

A. 频道利用率高

B. 抗干扰能力强

C. 可以访问某些局域网

D. 可开展基于 TV 的交互式数据业务

93. 下列字符编码标准中,既包含了汉字字符的编码,也包含了如英文字母、希腊文字母等其他语言文字编码的国际标准是_____。

A. GB 18030 B. UCS/Unicode

C. ASCII D. GBK

94. 容量为 4.7GB 的 DVD 光盘可以连续播放 2 小时的影视节目,该 DVD 的音频和视频的平均码率大约为_____。

A. 10.4 Mbps B. 5.2 Mbps C. 650 kbps D. 2.6 Mbps

95. 数字视频信息在存储和传输时一般要进行数据的压缩,下列关于数字视频压缩编码的叙述中,错误的是_____。

A. VCD 光盘上存储的视频信息采用的压缩编码标准是 MPEG-1

B. DVD 光盘上存储的视频信息采用的压缩编码标准是 MPEG-4

C. 数字电视中视频信息的压缩编码标准采用的是 MPEG-2

D. 数字视频的数据量可压缩几十倍甚至几百倍

96. 下列属于著名的商品化的造型与动画制作软件的是_____。

A. 3DS MAX B. Word

C. FrontPage　　　　　　　　　　　D. PowerPoint

97. 计算机动画制作不包括_____。

A. 在计算机中建立景物的模型　　　B. 在计算机中描述它们的运动

C. 在计算机中生成一系列逼真的图像　D. 在计算机中图像的编码

98. 计算机图形学(计算机合成图像)有很多应用,以下选项中,最直接的应用是_____。

A. 设计电路图　　　　　　　　　　B. 可视电话

C. 医疗诊断　　　　　　　　　　　D. 指纹识别

99. 按照取样定理,取样频率不应低于声音信号最高频率的_____倍。

A. 2　　　　　　B. 3　　　　　　C. 4　　　　　　D. 5

100. 以下选项中,_____图像格式最适合于桌面出版。

A. BMP　　　　　B. TIF　　　　　C. GIF　　　　　D. JPEG

5.4.3　填空题

1. 在数字视频应用中,英文缩写 VOD 的中文名称是_____。

2. 汉字输入编码分为数字编码、_____编码、字形编码和形音编码。

3. 计算机制作的数字文本,大致可以分为简单文本、_____文本和超文本。

4. 美国 Adobe 公司的 Acrobat 软件,使用_____格式文件将文字、字型、格式、声音和视频等信息封装在一个文件中,实现了纸张印刷和电子出版的统一。

5. 数字图像的获取步骤大体分为扫描等四步,而扫描就是将画面划分为 $M \times N$ 个网格,每个网格称为一个_____。

6. 在超文本中,把节点互相联系起来的指针称为_____。

7. 计算机按照文本(书面语言)进行语音合成的过程称为_____,简称 TTS。

8. 图像获取的过程实质上是模拟信号的_____化过程。

9. 图像数字化的过程大致分为四步,即扫描、分色、取样和_____。

10. 文本检索基本分为两种,即关键词检索和_____检索。

11. 从取样图像的获取过程可以知道,一幅取样图像由 M 行×N 列个取样点组成,每个取样点是组成取样图像的基本单位,称为_____。

12. 图像数据量(单位:字节)=水平分辨率×垂直分辨率×_____/8。

13. 一幅分辨率为 512×512 的彩色图像,其 R、G、B 三个分量分别用 8 个二进位表示,则未进行压缩时该图像的数据量是_____KB。(1 KB=1024 B)

14. CD 唱片上的音乐是一种全频带高保真立体声数字音乐,它的声道数目一般是_____个。

15. DVD 光盘和 CD 光盘直径大小相同,但 DVD 光盘的道间距要比 CD 光盘的道间距_____,因此,DVD 盘的存储容量大。

16. 一幅具有 16 位色、分辨率为 1280×1024 的数字图像,在没有进行数据压缩时,它的图像数据量是_____。

17. 在计算机中灰色图像用_____个矩阵来表示。

18. 一架数码相机,一次可以连续拍摄 65536 色的 1024×1024 的彩色相片 40 张,如不进行数据压缩,则它使用的 Flash 存储器容量是_____MB。

19. JPEG 2000 采用了_____等先进算法,因而提供了许多 JPEG 所不具备的功能。

20. 声卡在计算机中的作用是控制并完成声音的_____。

21. 为了支持视频直播或视频点播,目前在因特网上一般都采用_____媒体技术。

22. 计算机输出声音的过程称为声音的播放,通常分为两步:① 把声音从_____转换成模拟信号形式;② 将模拟声音信号经过处理和放大送到扬声器发出声音。

23. MP3 音乐是采用_____编码的高质量数字音乐。

24. 声音由许多不同频率的谐波组成,谐波的_____称为声音的带宽。

25. 数字声音未压缩前,波形声音的码率＝取样频率×_____×声道数。

26. 声音信号的数字化为取样、量化和_____。

27. 量化的精度越高,声音的_____越好。

28. 3 分钟单声道、16 位采样位数、23 kHz 采样频率声音的不压缩的数据量约_____。

29. 计算机可以用于合成声音,有以下两种类型:计算机合成的语音和计算机合成的_____。

30. 内容随时间变化的一个图像序列称为_____。

31. 常见的数字视频有数字电视和_____。

32. 彩色显示器的彩色是由三个基色 R、G、B 合成而得到的,因此三个基色的二进位位数之和就决定了显示器可显示的颜色的数目。如果 R、G、B 分别用 5 位表示,则显示器可以显示_____种不同的颜色。

33. 模拟视频信号要输入 PC 机进行存储和处理,必须进行数字化,用于完成视频信息数字化的插卡称为_____。

34. 数字视频图像输入计算机时,通常需进行彩色空间的转换,即从 YUV 转换为_____,然后与计算机图形卡产生的图像叠加在一起,方可在显示器上显示。

35. 目前数字摄像头的接口一般采用_____接口和高速的 IEEE 1394 接口。

36. MP4 采用的压缩编码为_____。

37. 所谓 5.1 或 7.1 多声道全频带声音编码系统,是指它提供 5 个或_____个全频带声道和 1 个超低音声道,效果十分逼真。

38. DVD 采用 MPEG-2 视频编码标准,画面品质比 VCD 明显提高,其画面的长度比有三种方式,即全景扫描方式、_____普通屏幕方式和 16∶9 宽屏幕方式。

39. VCD 在我国已比较普及,其采用的音视频编码标准是_____。

40. 数字电视接收机(简称 DTV 接收机)大体有三种形式,第一种是传统模拟电视接收机的换代产品——数字电视机;第二种是传统模拟电视机外加一个数字机顶盒;第三种是可以接收数字电视信号的_____机。

6 信息系统与数据库

6.1 内容简介

本章介绍了计算机信息系统和数据库的基础理论知识。主要内容包括：计算机信息系统的基本概念和特点；信息系统的构成（操作系统层、数据管理层、应用层、用户接口层）；信息系统的类型；信息系统的发展趋势；数据管理技术的发展；数据库系统的特点和组成；数据模型的基本概念；概念模型和 E－R 图；常用的数据模型（层次型、网状型、关系型、面向对象型）；关系数据库的逻辑结构与存储结构；关系模型结构的形式化定义；关系数据模型的完整性；关系代数运算；关系数据库标准语言 SQL；数据库控制；数据库挖掘；数据库系统及应用新技术；典型信息系统介绍。

6.2 基本概念

1. 计算机信息系统：是一类以提供信息服务为主要目的的数据密集型、人机交互的计算机应用系统。

2. 数据库（DATABASE）：是以一定的数据模型进行组织，长期存放在外存上的一组可共享的相关数据的集合。

3. 数据库管理系统：简称 DBMS，是对数据管理的软件系统，它是数据库系统的核心软件。

4. 关系模型：是用二维表结构表示实体集以及实体集之间联系的数据模型。

5. 候选键：能够唯一标识二维表中元组的属性或属性组，称为该关系模式的候选键。

6. 主键：如果一个关系模式有多个候选键存在，则可从中选一个最常用的作为该关系模式的主键。

7. SQL 的视图：视图是 DBMS 所提供的一种由用户观察数据库中数据的重要机制，其可由基本表或其他视图导出。但视图与基本表不同，它只是一个虚表，在数据字典中保留其逻辑定义，而不作为一个表实际存储数据。

6.3　学习指导

由于没有使用数据库和开发软件的经验,学生对本章的理论知识理解起来有一定的难度,主要体现在数据库的基础理论、SQL 命令及软件工程的思想。具体要求:掌握计算机信息系统的概念、特点、结构,及其分类、发展趋势和开发方法;掌握概念模型、数据模型的基本概念、E-R 图;掌握关系数据模型及其特点;熟悉典型的信息系统,熟悉数据库系统的特点和组成,熟悉数据库控制的内容,熟悉数据库设计概要,了解关系代数操作、SQL 语言以及它们的关系。

6.3.1　重点

1. 计算机信息系统的特点

(1) 数据量大,一般需存放在外存中;

(2) 数据长久持续有效(持久性);

(3) 数据共享使用(共享性);

(4) 提供管理、检索、分析和决策等多种信息服务(功能多样性)。

2. 数据库系统的组成

(1) 应用程序;

(2) 计算机支持系统;

(3) 数据库;

(4) 数据库管理系统。

3. 数据库系统的特点

(1) 数据结构化;

(2) 数据共享性高,冗余度低;

(3) 数据独立于程序;

(4) 统一管理和控制数据。

4. 数据库系统的概念及数据库、数据库管理系统、数据库系统三者之间的联系

数据库系统(DBS)指具有管理和控制数据库功能的计算机系统,它一般由计算机支持系统(硬件和软件)、数据库、数据库管理系统和有关人员组成。它们的关系如下图所示。

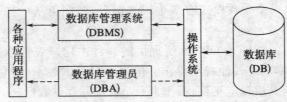

5. 数据库管理系统的基本功能

数据库管理系统(DBMS)是对数据进行管理的软件系统,它是数据库系统的核心软件。数据库系统的一切操作,包括按数据模式来创建数据库对象、应用程序对这些对象的操作(检索、插入、修改和删除等)以及数据管理和控制等,都是通过DBMS进行的。其基本功能包括:

(1) 数据定义功能;

(2) 数据存储功能;

(3) 数据库管理功能。

6. 数据模型的概念、内容及类型

(1) 数据模型是在数据库领域中定义数据及其操作的一种抽象表示。

(2) 数据模型由三部分组成:实体及实体间联系的数据结构描述;对(表示实体和联系的)数据的操作;数据中完整性约束条件。

(3) 常用的数据模型:层次型、网状型、关系型和面向对象型。

7. 概念模型、实体、属性、实体主键、联系

(1) 概念模型是对应用单位数据的第一次抽象,它把现实世界的对象抽象为某一种不依赖于具体计算机系统的数据结构;

(2) 实体是可以被人们识别而又可以相互区别的客观对象的一种抽象;

(3) 属性是对实体特征的一种描述;

(4) 实体主键是指在能够唯一标识实体的属性或属性组中选择一个最常用的作为实体的主键;

(5) 联系是指实体之间存在的对应关系。

8. 实体间联系的种类:一对一联系、一对多联系和多对多联系。

9. 数据库设计

(1) 数据抽象的过程;

(2) 概念结构和 E - R 图;

(3) E - R 概念结构转换为关系数据模式。

10. 关系(二维表)操作:关系的操作除选择、投影和连接外,还有并、交、差、插入、删除、更新等。

11. 典型的信息系统

(1) 电子政务;

(2) 电子商务;

(3) 远程教育;

(4) 远程医疗;

(5) 数字图书馆;

(6) 数字地球。

6.3.2　难点

1. 关系数据模型的完整性。
2. 关系操作。
3. SQL 命令。
4. 数据库的安全性。

6.3.3　教学建议

建议理论教学 4 课时。本章主要分为两部分,即计算机信息系统和关系数据库的基本概念。其中计算机信息系统的教学主要以介绍为主,建议 1 课时;数据库系统的教学建议为 3 课时。讲解数据库系统时可使用 Access 为环境,讲解如何建表、如何使用 SQL 语句等。

6.4　习题

6.4.1　判断题

1. 计算机信息系统随着程序运行的结束而消失,不需长期保留在计算机系统中。　　　　　　　　　　　　　　　　　　　　　　　　　　　　（　　）
2. 信息处理的过程实际上就是数据处理,数据处理的目的是获取有用的信息。　　　　　　　　　　　　　　　　　　　　　　　　　　　　（　　）
3. 数据的表现形式是数字。　　　　　　　　　　　　　　　　　　（　　）
4. 数据库系统的核心软件是数据库(DB)。　　　　　　　　　　　（　　）
5. 在数据库中降低数据存储冗余度,可以节省存储空间,保证数据的一致性。但是实际上任何数据库的数据都不能做到零冗余。　　　　　　　　　（　　）
6. 从关系的属性序列中取出所需属性列,由这些属性列组成新关系的操作称为投影。　　　　　　　　　　　　　　　　　　　　　　　　　　　（　　）
7. 数据的逻辑独立性指用户的应用程序与数据库的逻辑结构相互独立,系统中数据逻辑结构改变,而应用程序不需改变。　　　　　　　　　　　　（　　）
8. 数据库(DB)、数据库管理系统(DBMS)、数据库系统(DBS)三者之间的关系是 DBS 包含 DB 和 DBMS。　　　　　　　　　　　　　　　　　　　（　　）
9. 在关系数据库中,可以用关系数据模式 R 说明关系结构的语法,每个符合语法的元组都能成为 R 的元组。　　　　　　　　　　　　　　　　　（　　）
10. 数据库是长期存储在计算机主存内的有组织、可共享的数据集合。（　　）
11. 数据库管理系统是数据库系统的核心软件,具有对数据定义、操纵和管理

的功能。　　　　　　　　　　　　　　　　　　　　　　　　　　（　　）

12. 在关系数据库中,关系模式"主键"不允许由该模式中的所有属性组成。

　　　　　　　　　　　　　　　　　　　　　　　　　　　　　（　　）

13. SQL 的数据操纵语言中使用最频繁也最重要的是 SELECT 语句。　（　　）

14. DBMS 提供多种功能,可使多个应用程序和用户用不同的方法在同一时刻或不同时刻建立、修改和查询数据库。　　　　　　　　　　　　（　　）

15. 应用程序对数据库进行数据查询必须要求用户与数据库在同一计算机上,且被查询的数据存储同一个数据库中。　　　　　　　　　　　（　　）

16. 20 世纪 80 年代以来数据库技术迅速发展,我国目前主流关系数据库管理系统有 Oracle、DB2、Sybase、MS - SQL Server 等。　　　　　　　（　　）

17. 数据库系统的特点之一是可以减少数据冗余,但不可能做到数据"零冗余"。　　　　　　　　　　　　　　　　　　　　　　　　　（　　）

18. 软件不是物理产品而是一种逻辑产品。　　　　　　　　　　　（　　）

19. 关系数据库中的"连接操作"是一个二元操作,它基于共有属性把两个关系组合起来。　　　　　　　　　　　　　　　　　　　　　　（　　）

20. 关系模型的基本结构是关系,也就是二维表。　　　　　　　　（　　）

21. 在一个关系数据库中存在多张二维表,而这些二维表的"主键"不可能相同。　　　　　　　　　　　　　　　　　　　　　　　　　　（　　）

22. 选取关系中满足某个条件的元组组成一个新的关系,这种关系运算称之为投影。　　　　　　　　　　　　　　　　　　　　　　　　（　　）

23. 我国目前流行的数据库管理系统大多是层次模型。　　　　　　（　　）

24. 对数据库设计的评价、调整等维护工作应由数据库管理员(DBA)来完成。

　　　　　　　　　　　　　　　　　　　　　　　　　　　　　（　　）

25. 描述关系模型的三大要素是关系结构、完整性和关系操作。　　（　　）

26. 数据库一般的应用情况可能是：① 用户与数据库不在同一计算机上,必须通过网络访问数据库;② 被查询的数据存储在多台计算机的多个不同数据库中。　　　　　　　　　　　　　　　　　　　　　　　　　　（　　）

27. 信息系统开发的核心技术是数据库系统的设计技术。　　　　　（　　）

28. 一个关系数据库由许多张二维表组成,这些二维表相互之间必定都存在关联。　　　　　　　　　　　　　　　　　　　　　　　　　（　　）

29. 电子商务是指对整个贸易活动实现全球数字化。　　　　　　　（　　）

30. 电子政务是一项企事业单位管理创新和实践的过程,在世界各国均处于不断迅速发展过程中。　　　　　　　　　　　　　　　　　　　（　　）

31. 电子政务的运行环境是企事业单位的局域网。　　　　　　　　（　　）

32. 数字地球是按照地理坐标整理并构造一个全球的信息模型,用来描述地

球上每一点的全部信息。　　　　　　　　　　　　　　　　　　　　（　　　）

33. 远程医疗是把计算机技术、通信技术、遥感技术、多媒体技术与医疗技术相组合的一项全新的医疗服务。　　　　　　　　　　　　　　　（　　　）

34. 计算机远程教育就是利用计算机及计算机网络进行教学，使得学生和教师可以异地完成教学活动的一种教学模式。　　　　　　　　　　（　　　）

35. 由于 DBMS 提供模式转换机制，可以做到应用程序与数据相互独立，因此当数据库中的数据结构发生变化时不会影响应用程序。　　　　　（　　　）

36. 电子商务实现了商品的电子订货和付款，且不需要利用传统渠道来配送货物。　　　　　　　　　　　　　　　　　　　　　　　　　　　（　　　）

37. 电子商务按照使用的网络类型不同，可分为企业间的电子商务、企业内部的电子商务、企业和客户之间的电子商务。　　　　　　　　　　（　　　）

38. 若关系 R 和关系 S 有相同的模式和不同的元组内容，且用"－"表示关系"差"运算，则 R－S 和 S－R 的结果相同。　　　　　　　　　　（　　　）

39. 在关系数据库中，关系模式"主键"是用来唯一区分二维表中不同的元组（行）。　　　　　　　　　　　　　　　　　　　　　　　　　　（　　　）

6.4.2　选择题

1. 计算机信息系统涉及的数据量大，而且绝大部分数据是持久的，它们不会随着程序运行结束而消失，所以数据一般需要存放在＿＿＿＿＿。

　　A. 主存储器　　　　　　　　　　　B. 高速缓冲存储器
　　C. 外存储器　　　　　　　　　　　D. 随机存储器

2. 按信息处理的功能划分，信息系统分为三大类，即电子数据处理系统、管理信息系统和＿＿＿＿＿。

　　A. 辅助技术系统　　　　　　　　　B. 决策支持系统
　　C. 办公信息系统　　　　　　　　　D. 信息分析系统

3. 以下所列各项中，＿＿＿＿＿不是计算机信息系统所具有的特点。

　　A. 涉及的数据量很大，有时甚至是海量的
　　B. 绝大部分数据需要长期保留在计算机系统（主要指外存储器）中
　　C. 系统中的数据为多个应用程序和多个用户所共享
　　D. 系统对数据的管理和控制都是实时的

4. 日常所说的"IT 行业"一词中，"IT"的确切含义是＿＿＿＿＿。

　　A. 交互技术　　　　　　　　　　　B. 信息技术
　　C. 制造技术　　　　　　　　　　　D. 控制技术

5. 下列关于不同时代的计算机对数据文件处理的方式的说法中，不正确的是＿＿＿＿＿。

A. 20 世纪 60 年代以前,计算机中的数据一般由文件系统管理

B. 20 世纪 70 年代,以数据的集中管理和共享为特征的数据库系统成为管理的主要形式

C. 进入 21 世纪,以信息为中心的计算机信息系统成为主流的计算机应用系统

D. 目前,人们着力于信息系统对决策应用支持的研究,已经取得显著成果

6. 下列关于计算机信息系统的叙述中,错误的是_____。

A. 信息系统的数据具有持久性,需长期保留在计算机系统中

B. 信息系统的数据可为多个应用程序所共享

C. 信息系统是以提供信息服务为主要目的的应用系统

D. 信息系统涉及的数据量大,必须存放在内存中

7. 银行使用计算机和网络实现个人存款业务的通存通兑,这属于计算机在_____方面的应用。

A. 辅助设计　　　　B. 科学计算　　　　C. 数据处理　　　　D. 自动控制

8. 计算机是一种通用的信息处理工具,下面关于计算机信息处理能力的叙述中,正确的是_____。

① 它不但能处理数值数据,而且还能处理图像和声音等非数值数据;

② 它不仅能对数据进行计算,而且还能进行分析和推理;

③ 它具有极大的信息存储能力;

④ 它能方便而迅速地与其他计算机交换信息。

A. 仅①,②和④　　　　　　　　B. 仅①,③和④

C. ①,②,③和④　　　　　　　　D. 仅②,③,④

9. 图书管理系统属于_____处理系统。

A. 决策支持　　　　　　　　　　B. 多媒体信息

C. 信息管理　　　　　　　　　　D. 电子数据

10. 下列有关数据库系统特点的叙述中,错误的是_____。

A. 数据结构化　　　　　　　　　B. 数据共享性高

C. 无数据冗余　　　　　　　　　D. 数据独立于程序

11. 关系操作可以是一元操作,也可以是二元操作。下列操作集合中都是二元关系操作的是_____。

A. 选择、并、交、投影　　　　　　B. 并、差、交、连接

C. 差、连接、选择、投影　　　　　D. 交、并、选择、连接

12. 在关系数据库中,SQL 提供的 SELECT 查询语句基本形式为

SELECT　　A1, A2,…,An

FROM　　　R1,R2,…,Rm

　　　　［WHERE F］
其中 SELECT、FROM 和 WHERE 子句分别对应于二维表的_____操作。
　　　A. 连接操作、选择操作、投影操作
　　　B. 投影操作、连接操作、选择操作
　　　C. 选择操作、投影操作、连接操作
　　　D. 投影操作、选择操作、连接操作
　　13. SQL 属于_____数据库语言。
　　　A. 关系型　　　　　　　　　　　B. 网状型
　　　C. 层次型　　　　　　　　　　　D. 面向对象型
　　14. 数据独立性是指_____。
　　　A. 数据和使用数据的程序彼此独立　　B. 应用和设计的独立性
　　　C. 数据物理独立性　　　　　　　D. 数据物理和逻辑独立性
　　15. 下列关于数据库用户模式的叙述中,错误的是_____。
　　　A. 一般根据用户模式来定义视图
　　　B. 用户模式可以增加数据库的数据安全
　　　C. 用户模式是全局逻辑模式的子集
　　　D. 关系型用户模式就是局部 E - R 图
　　16. 关系数据库的三类完整性规则不包括_____。
　　　A. 引用完整性　　　　　　　　　B. 数据完整性
　　　C. 用户自定义完整性　　　　　　D. 实体完整性
　　17. 有下列 SQL 查询语句:
　　　　SELECT SNANE,DEPART,CNAME,GRADE
　　　　FROM S,C,SC
　　　　WHERE S. SNO=SC. SNO AND SC. CNO=C. CNO AND S. SEX='男';
其中 S 与 SC 表之间和 C 与 SC 表之间分别通过公共属性_____作连接操作。
　　　A. SNO 和 CNO　　　　　　　　B. CNO 和 SNO
　　　C. CNO 和 SEX　　　　　　　　D. SNO 和 SEX
　　18. 下列关于数据库系统的叙述中,错误的是_____。
　　　A. 物理数据库指长期存放在外存上的可共享的相关数据的集合
　　　B. 数据库中除了存储数据外,还存储了"元数据"
　　　C. 数据库系统软件支持环境不包括操作系统
　　　D. 用户使用 DML 语句实现对数据库中数据的基本操作
　　19. 数据库系统的数据独立性是因为采用了_____。
　　　A. 层次模型　　　　　　　　　　B. 网状模型
　　　C. 关系模型　　　　　　　　　　D. 三级模式结构

20. 若 S 为关系模式名,其属性名为 A1、A2、A3、A4,下列正确的关系模式表示形式是_____。

    A. S(A1×A2×A3×A4)　　　　　　　B. S(A1,A2,(A3,A4))

    C. S(A1,A2,A3,A4)　　　　　　　　D. S(A1、A2、A3、A4)

21. 已知关系模式:学生 S(学号,姓名,性别,出生日期,系名),若查询所有女学生的全部属性信息,则应使用_____关系运算。

    A. 投影　　　　　　B. 选择　　　　　　C. 连接　　　　　　D. 插入

22. 由于文件之间缺乏联系,造成每个应用程序都有对应的文件,可能同样的数据重复存储在多个文件中,这种现象称为_____。

    A. 数据的冗余　　　　　　　　　　B. 数据的不完整性

    C. 数据的一致性　　　　　　　　　D. 数据联系弱

23. 下列关于概念模型和数据模型的说法中,错误的是_____。

    A. 概念模式是由数据模型转换而得到的

    B. 可用 E－R 图描述概念模型

    C. 数据模式是由概念模型转换而得到的

    D. 关系模型是一种数据模型

24. 一般用 E－R 模型作为概念结构的工具,在 E－R 图中,可表示的内容有_____。

    A. 实体、元组、联系　　　　　　　B. 实体、属性、联系

    C. 实体、子实体、处理流程　　　　D. 实体、元组、属性

25. 使用 E－R 图描述实体间的联系,关键是确定_____。

    A. 实体　　　　　B. 联系　　　　　C. 实体和属性　　　　D. 属性

26. 关系 R 的属性个数为 5,关系 S 的属性个数为 10,则 R 与 S 进行连接操作,其结果关系的属性个数为_____。

    A. 15　　　　　　B. >15　　　　　C. <=15　　　　　D. 10

27. SQL 语言提供了 SELECT 语句进行数据库查询,其查询结果总是一个_____。

    A. 属性　　　　　B. 关系　　　　　C. 元组　　　　　D. 数据项

28. 以下所列各项中,_____不是计算机信息系统所具有的特点。

    A. 涉及的数据量很大,有时甚至是海量的

    B. 除去具有基本数据处理的功能,也可以进行分析和决策支持等服务

    C. 系统中的数据为多个应用程序和多个用户所共享

    D. 数据是临时的,随着运行程序结束而消失

29. 下列关于数据库的说法中,错误的是_____。

    A. 数据库减少了数据冗余

B. 数据库中的数据可以共享

C. 数据库避免了一切数据的重复

D. 数据库具有较高的数据独立性

30. 以下关于关系数据模型的叙述中,错误的是_____。

A. 关系中每个属性是不可再分的数据项

B. 关系中不同的属性可有相同的值域和属性名

C. 关系中不允许出现相同的元组

D. 关系中元组的次序可以交换

31. 有一个关系:学生(学号,姓名,性别),规定学号的值域是 8 个数字组成的字符串,这一规则属于_____。

A. 用户自定义完整性约束　　　　　　B. 实体完整性约束

C. 参照完整性约束　　　　　　　　　D. 主键完整性约束

32. 已知关系 R 如右图所示,可以作为 R 主键的属性组是_____。

A	B	C	D
1	2	3	4
1	3	4	5
2	4	5	6
1	4	3	4
1	3	4	7
3	4	5	6

A. (A,B,C)

B. (A,B,D)

C. (A,C,D)

D. (B,C,D)

33. 在 SQL 语句中,对指定表中已有数据进行修改,可用_____语句。

A. UPDATE

B. INSERT

C. DELETE

D. REPLACE

34. 在信息系统的 C/S 模式数据库访问方式中,在客户机和数据库服务器之间的网络上传输的内容是_____。

A. SQL 查询命令和所操作的二维表

B. SQL 查询命令和所有二维表

C. SQL 查询命令和查询结果表

D. 应用程序和所操作的二维表

35. 关系数据库中关系的每一属性必须是_____。

A. 互不相关　　　B. 不可再分　　　C. 长度可变　　　D. 互相关联

36. 在视图上不能完成的操作是_____。

A. 更新视图　　　　　　　　　　　　B. 查询

C. 在视图上定义新的基本表　　　　　D. 在视图上定义新的视图

37. 为了防止一个用户的工作影响另一个用户的工作,应采取_____。
   A. 完整性控制
   B. 安全性控制
   C. 并发控制
   D. 访问控制

38. 用 SQL-SELECT 语句查询学生表 S 中所有女学生的姓名(已知表 S 中有字段学号 sno,姓名 sname,性别 sex):_____。
   A. Select sname Form S Where sex="女"
   B. Select sname From S Where sex="女"
   C. Select sname From S Where sex=女
   D. Select sname From S For sex="女"

39. 下列关于 SQL 语言的 SELECT 语句中 WHERE 子句说法中,错误的_____。
   A. 可以从指定的一个表中找出符合条件的元组
   B. 可以同时从两个表中查询
   C. 不可以同时从两个以上的表中查询
   D. 可以将一个查询块嵌套在另一个查询块的 WHERE 子句中

40. 关系操作中的选择操作对应 SQL-SELECT 语句中的_____。
   A. SELECT
   B. FROM
   C. WHERE
   D. GROUP BY

41. 绘制 E-R 图属于_____阶段的工作。
   A. 系统规划
   B. 系统逻辑结构设计
   C. 系统概念结构设计
   D. 系统实施

42. 以下软件不属于现在流行的数据库管理系统的是_____。
   A. ORACLE
   B. DB2
   C. SQL Server
   D. SCRACH

43. 计算机信息系统的抽象结构中不包含_____。
   A. 应用表现层
   B. 业务逻辑层
   C. 资源管理层
   D. 基础设施层

44. 将需求分析得到的用户需求抽象为概念模型的过程,称为概念结构设计。描述概念模型的常用工具是_____。
   A. DFD 图
   B. E-R 图
   C. IPO 表
   D. 系统结构图

45. 关系数据库的 SQL 查询操作由 3 个基本运算组合而成,其中不包括_____。
   A. 连接
   B. 选择
   C. 投影
   D. 比较

46. 以下所列各项中,_____不是计算机信息系统中数据库访问采用的模式。
   A. C/S
   B. C/S/S
   C. B/S
   D. A/D

47. 计算机信息系统中的 B/S 三层模式是指_____。

A. 应用层、传输层、网络互链层

B. 应用程序层、支持系统层、数据库层

C. 浏览器层、Web 服务器层、DB 服务器层

D. 客户机层、HTTP 网络层、网页层

48. 以下列出了计算机信息系统抽象结构层次,在系统中为实现相关业务功能(包括流程、规则、策略等)而编制的程序代码_____。

A. 属于业务逻辑层　　　　　　　B. 属于资源管理层

C. 属于应用表现层　　　　　　　D. 不在以上所列层次中

49. 如果在关系二维表 STUD 中删除所有年龄大于 25 岁的学生信息,正确的 SQL 语句为_____。

A. DELETE FROM STUD FOR SA>25

B. DELETE FROM STUD WHERE SA>25

C. DELETE STUD ON STUD FOR SA>25

D. DELETE STUD ON STUD WHERE SA>25

50. 目前主流的数据库系统是_____。

A. 层次型　　　　　　　　　　　B. 树型

C. 网络型　　　　　　　　　　　D. 关系型

51. 如下图所示,图中有_____个关系。

A. 1　　　　　　　B. 5　　　　　　　C. 3　　　　　　　D. 4

52. 信息系统采用 B/S 模式时,其"查询 SQL 请求"和"查询结果"的"应答"发生在_____之间。

A. 浏览器和 Web 服务器　　　　　B. 浏览器和数据库服务器

C. Web 服务器和数据库服务器　　D. 任意两层

53. 以下列出了计算机信息系统抽象结构层次,在系统中可实现分类查询的表单和展示查询结果的表格窗口_____。

A. 属于业务逻辑层　　　　　　　B. 属于资源管理层

C. 属于应用表现层　　　　　　　D. 不在以上所列层次中

54. 信息系统采用的 B/S 模式,实质上是中间增加了_____的 C/S 模式。

A. Web 服务器   B. 浏览器

C. 数据库服务器   D. 文件服务器

55. 下列关于 SQL 用户视图的叙述中,错误的是_____。

A. 使用 CREATE VIEW 来定义视图

B. 用户视图就是局部 E－R 图

C. 用户视图与基本表不同,它只是一个虚表

D. 用户视图是全局关系模式的子集

56. ODBC 是_____,用户可以直接将 SQL 语句送给 ODBC。

A. 一组对数据库访问的标准

B. 数据库查询语言标准

C. 数据库应用开发工具标准

D. 数据库安全标准

57. 某信用卡客户管理系统中,客户模式如下:crediT-in(C-no 客户号,C-name客户姓名,limiT 信用额度,CrediT-balance 累计消费额)。若查询累计消费额大于 4500 的客户姓名以及剩余消费额,其 SQL 语句应为

    SelecT C-name , limiT-CrediT-balance

    From crediT-in Where _____;

A. limiT ＞ 4500

B. CrediT-balance ＞ 4500

C. limiT-CrediT-balance ＞ 4500

D. CrediT-balance-limiT ＞ 4500

58. 某信用卡客户管理系统中,有客户模式:credit-in(C-no 客户号,C-name 客户姓名,limit 信用额度,Credit-balance 累计消费额)。该模式的_____属性可以作为主键。

A. C-no   B. C-name

C. limit   D. Credit-balance

59. 下面_____不是电子商务的特点。

A. 电子化   B. 网络化   C. 数字化   D. 集成化

60. 计算机信息系统是一类数据密集型的应用系统,下列关于其特点的叙述中,错误的是_____。

A. 大多数数据需要长期保存

B. 计算机系统用内存保留这些数据

C. 数据为多个应用程序和多个用户所共享

D. 数据面向全局应用

61. GIS 是_____。

　　A. 地球信息系统　　　　　　　　　B. 地理导航信息系统

　　C. 地理信息系统　　　　　　　　　D. 数字地球

62. 根据目前使用的网络类型的不同,下列不属于电子商务主要形式的是_____。

　　A. 基于 EDI 的 电子商务

　　B. 基于 Internet 的电子商务

　　C. 基于 Ethernet 的电子商务

　　D. 基于 Intranet/Extranet 的电子商务

63. 企业为客户提供一种新型的购物环境——网上商店,在_____信息系统中实现。

　　A. 电子政务　　　　　　　　　　　B. 电子交易

　　C. 电子商务　　　　　　　　　　　D. 电子贸易

64. 在将 Web 技术与数据库技术相结合的过程中开发出各种动态网页技术,以下不属于这些技术的是_____。

　　A. ASP　　　　　B. PHP　　　　　C. JSP　　　　　D. CAD

65. 电子政务的实质就是在网络上构建电子政府,运用计算机和通信技术建立起一个_____的虚拟机构。

　　A. 数字化　　　　　B. 电子化　　　　　C. 信息化　　　　　D. 自动化

66. 数据挖掘是目前最先进的数据资源分析技术,按照数据的特征将数据划分为若干类别,由此来判别新的数据对象所属的数据类,称为_____。

　　A. 联系分析　　　　　　　　　　　B. 演变分析

　　C. 分类和聚类　　　　　　　　　　D. 异常分析

67. 在信息系统开发中,除了软件工程技术外,最重要的核心技术是基于_____的设计技术。

　　A. 网络　　　　　B. 模块　　　　　C. 数据库系统　　　　D. 面向对象

68. 在关系代数中,二维表的每一行称作一个元组,每一列称为一个_____。

　　A. 记录　　　　　B. 符号　　　　　C. 属性　　　　　D. 主键

69. 在电子商务分类中,B-B 是_____。

　　A. 企业与政府间的电子商务　　　　B. 企业与客户之间的电子商务

　　C. 企业间的电子商务　　　　　　　D. 企业内部的电子商务

70. 所谓远程医疗,即指通过_____、通信技术、遥感技术与多媒体技术,同医疗技术相组合的一项全新的医疗服务。

　　A. 网络技术　　　　　　　　　　　B. 信息技术

　　C. 数据库技术　　　　　　　　　　D. 计算机技术

6.4.3 填空题

1. 计算机信息处理从微观上说，就是由计算机进行_____的过程。

2. 计算机信息系统是一类以提供_____为主要目的的数据密集型、人机交互的计算机应用系统。

3. 计算机信息系统层次结构中的资源管理层是由数据库和_____组成的。

4. 数据独立性包括数据的_____独立性和数据的物理独立性。

5. 如果两个实体之间具有 $M:N$ 联系，则将它们转换成关系模型的结果是_____个表。

6. SQL 语言中用来创建表的语句是_____。

7. 数据库中的数据模型有概念数据模型和结构数据模型两类，实体联系模型（E-R 模型）属于_____数据模型。

8. 对应 SQL 查询语句"SELECT⋯FROM⋯WHERE⋯"，若要指出目标表中所列的内容，应将其写在_____子句中。

9. 数据管理经过了手工文档、文件系统和_____三个发展阶段。

10. E-R 图中的实体集、实体集之间的联系在关系数据模型中都用_____表示。

11. 计算机信息系统通常可划分为三个层次，即应用表现层、业务逻辑层和_____。

12. E-R 图中的每个实体集都转换为一个同名的_____。

13. 数据库恢复的基本机制就是用_____来对数据库数据重复存储。

14. 并操作是一个_____元操作。

15. 用 SELECT 语句进行数据库查询时，可使用_____子句作为查询选择的条件。

16. 数据库系统中，通常采用用户识别与鉴别、访问控制、审计功能、_____和视图的保护等技术提供对数据的安全保护。

17. SQL 提供数据定义语言，其简称为_____。

18. 为了修改数据库中的数据，SQL 提供了插入数据、修改数据和_____这三类语句。

19. 关系数据模型有三类完整性规则，即实体完整性、引用完整性和_____。

20. 在 SQL 语句中，将一条记录插入到指定的表中，可使用_____语句。

21. 在数据库系统中，操作的基本单位是_____。

22. 数据库管理系统（DBMS）提供数据操纵语言（DML）及它的语言处理程序

实现对数据库的操作,这些操作主要包括数据更新和_____。

23. 由于数据库应用的特殊性,使得对数据库设计的评价、调整和修改等维护工作成为一个长期的任务,这些任务应由_____来完成。

24. 视图是一个"_____",它并不存储数据,因而对于视图的修改有很多限制。

25. 目前最先进的数据资源分析技术是_____,它可以从大量的数据中及时有效地提取隐含其中的未知的、有用的、不一般的信息和知识,用以对决策活动提供支持。

26. 政府机构运用网络通信与计算机技术,将政府管理和服务职能通过精简、优化、整合、重组后在互联网上实现的这种方式,称为_____。

27. SQL 数据库的三级体系结构包含局部模式、全局模式和_____。

28. 用来唯一区分二维表中不同元组的是_____。

29. 所谓_____,是一种拥有多种媒体、内容丰富的数字化信息资源,是一种能为读者方便、快捷地提供信息的服务机制。

30. SQL 语言的 SELECT 语句中,说明连接操作的子句是_____。

第二部分

上机操作指导①

---

①所有上机操作实验素材可从邮箱 dxjsjxxjs@foxmail.com 中下载，登录密码：njrkxy。

7　Word 操作

实验一

注：该实验素材均存放在 Download 文件夹下 Word 子文件夹中。

调入 Word 文件夹中的 ED1. rtf 文件，参考样张按下列要求进行操作。

1. 将页面设置为 16 开纸，上、下页边距为 2 厘米，并设置各段首行缩进 2 个字符。

2. 正文加标题"奥迪 A4 新型车"，字体格式为华文彩云、二号字、居中、红色，并给标题文字加灰色-20%底纹。

3. 设置正文第一段首字下沉 3 行，首字字体为黑体。

4. 将正文第三段的"奥迪"替换为"audi"。

5. 在正文第四段中间插入图片 Audi. jpg，设置图片高度为 3 厘米，宽度为 6.5 厘米，环绕方式为四周型。

6. 将正文第七段分为等宽的两栏，栏间加分隔线。

7. 如样张所示，为页面设置艺术型边框，宽度为 30 磅。

8. 参考样张，在正文最后一段适当位置插入艺术字"奥迪 A4 系列车展"（采用第四行第五列样式），艺术字字体为楷体，字号为 36，环绕方式为四周型。

9. 将编辑好的文章以文件名：DONE1，文件类型：RTF 格式（＊. rtf），存放于 ks_answer 文件夹中。

样张：

实验二

注：该实验素材均存放在 Download 文件夹下 Word 子文件夹中。

调入 Word 文件夹中的 ED2. rtf 文件，参考样张按下列要求进行操作。

1. 给正文加标题"中国申博的优势"，设置其格式为黑体、加粗、红色、二号字、居中、加着重号。

2. 设置页面边框，颜色为蓝色，宽度为 0.75 磅。

3. 设置第一段首字下沉 2 行，首字字体为隶书。

4. 除正文第一段外，其余段落设置为首行缩进 2 个字符。

5. 设置页眉为"中国申办世博会优势"，字号为小四、居中；页脚为"七大优势！"，字号为小五，右对齐。

6. 在正文第五段插入图片 P1. gif，设置图片高度为 3 厘米，宽度为 7.5 厘米，环绕方式为四周型。

7. 参考样张，在正文第七段适当位置插入"云形标注"自选图形，并添加文字"中国申博成功！"，将字体设置为幼圆、三号、加粗，环绕方式为四周型。

8. 将正文最后一段分为等宽的两栏，栏间加分隔线。

9. 将编辑好的文章以文件名：DONE2，文件类型：RTF 格式（ * . rtf），存放于 ks_answer 文件夹中。

样张：

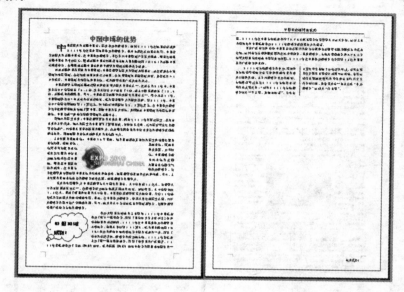

实验三

注：该实验素材均存放在 Download 文件夹下 Word 子文件夹中。

调入 Word 文件夹中的 ED3. rtf 文件，参考样张按下列要求进行操作。

1. 给正文加标题"云南大理简介"，字体格式为黑体、加粗、二号字、红色、居中、加着重号。

2. 将页面设置为 A4 纸型，左、右页边距为 2.5 厘米，上、下页边距为 3 厘米，每页 44 行，每行 40 个字符。

3. 设置第一段首字下沉 2 行，首字字体为隶书，其余段落设置为首行缩进 2 个字符。

4. 给正文第四段加 0.75 磅蓝色边框，填充灰色－20％底纹。

5. 设置页眉为"云南大理"，字号为小五、左对齐。

6. 在正文第三段插入图片 Erhai. jpg，设置图片高度为 5 厘米，宽度为 7.5 厘米，环绕方式为四周型。

7. 参考样张，在正文第一段适当位置插入艺术字"欢迎到大理来！"，采用第五行第四列的样式，将艺术字字体设置为华文行楷，字号为 40，环绕方式为紧密型。

8. 将正文最后一段分为等宽的两栏，栏间加分隔线。

9. 将编辑好的文章以文件名：DONE3，文件类型：RTF 格式（ ∗ . rtf），存放于 ks_answer 文件夹中。

样张：

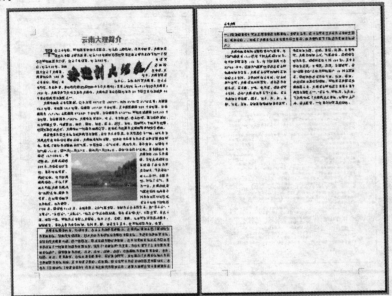

8　Excel 操作

实验一

注：该实验素材均存放在 Download 文件夹下 Excel 子文件夹中。

调入 Excel 文件夹中的 EX1. xls 文件，按下列要求进行操作。

1. 在工作表的 B13：G13 各单元格中，利用函数分别计算 1990—1999 年对应能源的平均使用情况，A13 单元格内容为"平均值"，要求 A13：G13 单元格区域的文本均为水平居中显示。

2. 根据表中 G2：G12 的单元格区域数据，以列的方式生成一张"数据点折线图"，X 分类轴标志为 A3：A12 单元格区域，图表标题为"人均使用煤气能源情况"，X 轴的标题为"年份"。

3. 将工作表中的 A2：G13 单元格区域的外框设定为褐色双线，内框设定为青色最细实线；将工作表中的 A2：G2 单元格区域的上边框设置为黄色最粗实线。

4. 将工作表的标题（A1 单元格）格式设为黑体、加粗、20 磅，其余文字字体均设为楷体、加粗、12 磅。

5. 将编辑好的工作簿以文件名：EX1，文件类型：XLS 格式（＊.xls），存放于 ks_answer 文件夹中。

样张：

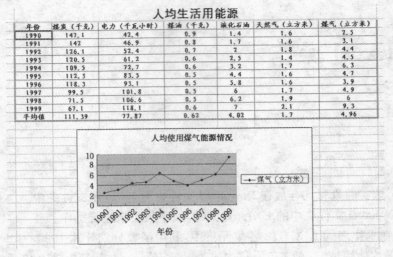

人均生活用能源

年份	煤炭（千克）	电力（千瓦小时）	煤油（千克）	液化石油	天然气（立方米）	煤气（立方米）
1990	147.1	42.4	0.9	1.4	1.6	2.5
1991	142	46.9	0.8	1.7	1.6	3.1
1992	126.1	52.4	0.7	2	1.8	4.4
1993	120.5	61.2	0.6	2.5	1.4	4.5
1994	109.5	72.7	0.6	3.2	1.7	6.3
1995	112.3	83.5	0.5	4.4	1.6	4.7
1996	118.3	93.1	0.5	5.8	1.6	3.9
1997	99.5	101.8	0.5	6	1.7	4.9
1998	71.5	106.6	0.5	6.2	1.9	6
1999	67.1	118.1	0.6	7	2.1	9.3
平均值	111.39	77.87	0.62	4.02	1.7	4.96

实验二

注：该实验素材均存放在 Download 文件夹下 Excel 子文件夹中。

调入 Excel 文件夹中的 EX2. xls 文件，按下列要求进行操作。

1. 在工作表"生产季度统计表"的 A1 单元格中输入标题"公司生产统计表"，并在 A1：F1 范围内合并及居中，设置标题字体格式为黑体、加粗、20 磅。

2. 在 F2 单元格中输入"年平均"，在 F3：F8 各单元格中分别计算各车间的平均生产量，结果保留 2 位小数。

3. 给工作表的 A2：F8 单元格区域加蓝色外边框，线条为最粗实线，并设置 A2：F8 单元格区域的所有文字水平、垂直居中。

4. 根据各车间的年平均产量制作一张"三维饼图"，嵌入当前工作表中，要求系列产生在列，图表标题为"各车间年平均产量"。

5. 将工作表 Sheet2 更名为"备用工作表"。

6. 将编辑好的工作簿以文件名：EX2，文件类型：XLS 格式（＊. xls），存放于 ks_answer 文件夹中。

样张：

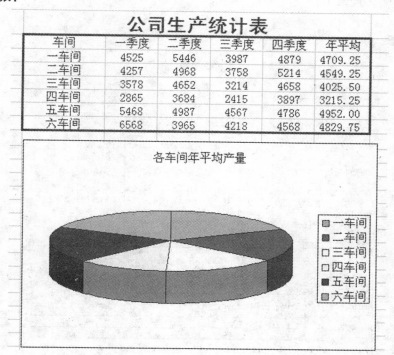

公司生产统计表

车间	一季度	二季度	三季度	四季度	年平均
一车间	4525	5446	3987	4879	4709.25
二车间	4257	4968	3758	5214	4549.25
三车间	3578	4652	3214	4658	4025.50
四车间	2865	3684	2415	3897	3215.25
五车间	5468	4987	4567	4786	4952.00
六车间	6568	3965	4218	4568	4829.75

各车间年平均产量

实验三

注：该实验素材均存放在 Download 文件夹下 Excel 子文件夹中。

调入 Excel 文件夹中的 EX3. xls 文件，按下列要求进行操作。

1. 将"统计指标. doc"中的表格复制到工作簿 EX3. xls"统计指标"工作表中，要求自第二行第一列开始存放，在 A1 单元格中加入标题"国民经济和社会发展主要统计指标"，设置标题在 A1:E1 范围内水平跨列居中，字体为"宋体"，加粗、红色，字号为 12。

2. 在 E2 单元格中输入"增长率"，在 E3:E13 各单元格中，利用公式分别计算相应指标的增长率(增长率＝(2002 年数据－2000 年数据)/2000 年数据)，结果以百分比样式显示，保留 2 位小数。

3. 将工作表中的背景色设置为白色，并将工作表数据按增长率降序排列。

4. 根据表格中的数据生成一张反映增长率的"簇状柱状图"，嵌入当前工作表中，要求系列产生在列，图表标题为"2000—2002 年平均增长率"，不显示图例，数据标志显示值。

5. 将编辑好的工作簿以文件名：EX3，文件类型：XLS 格式(＊.xls)，存放于

ks_answer 文件夹中。

样张：

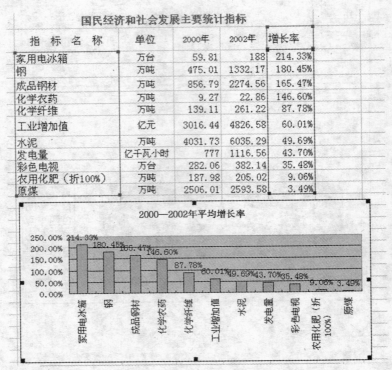

国民经济和社会发展主要统计指标				
指 标 名 称	单位	2000年	2002年	增长率
家用电冰箱	万台	59.81	188	214.33%
钢	万吨	475.01	1332.17	180.45%
成品钢材	万吨	856.79	2274.56	165.47%
化学农药	万吨	9.27	22.86	146.60%
化学纤维	万吨	139.11	261.22	87.78%
工业增加值	亿元	3016.44	4826.58	60.01%
水泥	万吨	4031.73	6035.29	49.69%
发电量	亿千瓦小时	777	1116.56	43.70%
彩色电视	万台	282.06	382.14	35.48%
农用化肥（折100%）	万吨	187.98	205.02	9.06%
原煤	万吨	2506.01	2593.58	3.49%

9　编辑文稿综合操作

实验一

注：该实验素材均存放在 Download 文件夹下 Text1 子文件夹中。

调入 Text1 文件夹中的 ED1. rtf 文件，参考样张按下列要求进行操作。

1. 参考样张，在标题位置插入艺术字"苏州市能源结构变化情况"，采用"第五行第二列"样式，将艺术字字体设为黑体，字号为 32，环绕方式为嵌入型。

2. 将正文中所有的"能源消费结构"设置为红色、加着重号。

3. 设置正文第一段首字下沉 3 行，首字字体为黑体。

4. 设置其余段落首行缩进 2 个字符，段前段后间距 0.5 行。

5. 参考样张，在第二段适当位置插入图片 picture1. jpg，并设置环绕方式为四周型，大小缩放为 50%。

6. 设置页眉为"苏州市能源消费结构变化"，格式为小四、加粗、居中对齐。

7. 给正文第八段加 1.5 磅带阴影的蓝色边框，填充灰色－15% 的底纹。

8. 将正文最后一段分为等宽的两栏，栏间加分隔线。

9. 将"年份比重表. dbf"转换为 Excel 工作表，并进行统计分析，制作如样张所示图表，具体要求如下：

（1）将"年份比重表. dbf"转换为 Excel 表，要求数据自第一行第一列开始存放；

（2）复制工作表"年份比重表"，并更名为"分析表"，在 H1 单元格输入"平均比重值"，要求利用函数分别计算原煤和电力的平均比重；

（3）根据工作表"年份比重表"中 B2:G3 的数据生成如样张所示的图表，并嵌入工作表中，要求图表类型为"数据点折线图"，数据标志显示值，图表标题为"苏州能源消费比重图"，设置数值、图例、分类(X)轴、数值(Y)轴的字号均为 12；

（4）参考样张，将生成的图表以"增强型图元文件"形式选择性粘贴到 Word 文档；

（5）将工作簿以文件名：EX1，文件类型：Microsoft Excel 工作簿(＊. xls)，存放于 Text1 文件夹；

10. 将编辑好的文章以文件名：ED1，文件类型：RTF 格式(＊. rtf)，存放于 Text1 文件夹。

样张：

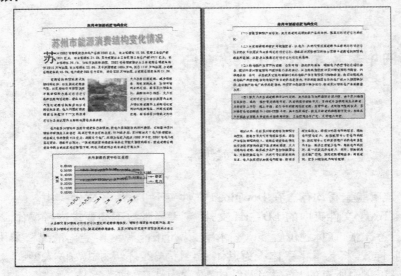

实验二

注：该实验素材均存放在 Download 文件夹下 Text2 子文件夹中。

调入 Text2 文件夹中的 ED2. rtf 文件，参考样张按下列要求进行操作。

1. 参考样张，在适当位置插入竖排文本框，输入文字"中国移动通讯集团公司"，并设置为华文彩云、蓝色、小一号字。

2. 设置文本框填充颜色为浅黄色，边框线为 2.5 磅红色方点，文本框环绕方式为四周型。

3. 设置第一段首字下沉 2 行，首字字体为黑体，其余段落首行缩进 2 个字符。

4. 在正文第三段适当位置插入图片 picture2. gif，并设置其高度为 3 cm，宽度为 4 cm，环绕方式为四周型。

5. 将正文中所有"中国移动"设置为粗体、红色、加着重号。

6. 设置奇数页页眉为"中国移动"，偶数页页眉为"中国电信"，均居中对齐。

7. 将正文第四、五两段分为等宽的两栏，栏间无分隔线。

8. 给正文最后一段加上 1 磅的蓝色方框，填充鲜绿色底纹。

9. 将"表 1. dbf"转化为 Excel 工作表，并进行统计分析，制作如样张所示图表，具体要求如下：

（1）将"表 1. dbf"文件的数据转换为 Excel 工作表，并要求数据自第一行第一列开始存放，工作表命名为"用户统计"；

（2）在 D1 单元格输入"估计误差"，在工作表 D2:D12 区域，利用公式求出估计误差（估计误差＝估计用户－实际用户）；

（3）在"用户统计"工作表中，设置第一行字体格式为宋体、加粗、倾斜、黄色底纹，字号为 14，调整各列列宽为 12，设置"估计误差"数值区域为带两位小数的数值格式，表格区域加最细内外框线；

（4）将生成的电子表格以"增强型图元文件"形式选择性粘贴到 Word 文档的末尾；

（5）将工作簿以文件名：EX2，文件类型：Microsoft Excel 工作簿（＊.xls），存放于 Text2 文件夹。

10．将编辑好的文章以文件名：ED2，文件类型：RTF 格式（＊.rtf），存放于 Text2 文件夹。

样张：

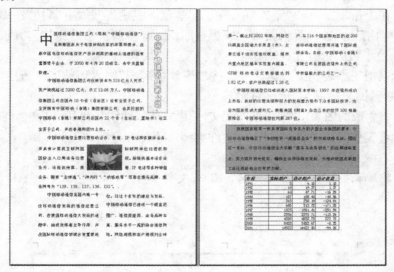

实验三

注：该实验素材均存放在 Download 文件夹下 Text3 子文件夹中。

调入 Text3 文件夹中的 ED3.rtf 文件，参考样张按下列要求进行操作。

1．给正文加标题"迎接 P4 平民时代"，设置其格式为黑体、加粗、红色、二号字、居中、加着重号，并给标题文字加灰色－20％底纹。

2．将页面设置为 A4 纸型，左、右页边距为 2.5 厘米，上、下页边距为 3 厘米，每页 42 行，每行 40 个字符。

3．设置正文第一段首字下沉 2 行，首字字体为隶书，其余段落设置为首行缩进2个字符。

4. 将正文第四段中的"英特尔"替换为"Intel"。

5. 设置页眉为"P4降价分析",字号为小四,居中。

6. 参考样张,在正文适当位置插入图片picture3.jpg,设置图片高度为7厘米,宽度为7厘米,环绕方式为四周型。

7. 在正文第一段适当位置插入艺术字"P4降价了!",采用"第三行第四列"样式,艺术字设置为黑体,字号为40,环绕方式为紧密型。

8. 将正文最后一段分为等宽的两栏,栏间加分隔线。

9. 根据"价格对照表.doc"文件中提供的表格,制作如样张所示图表,具体要求如下:

(1) 将"价格对照表.doc"文件中的表格转换为Excel工作表,工作表命名为"价格对照表",要求数据自第一行第一列开始存放;

(2) 在工作表"价格对照表"中,在A4单元格中输入"跌幅(%)",在B4:I4各单元格中利用公式计算价格跌幅(跌幅=(原价-降价后价格)/原价),并设置其格式为带2位小数的百分比样式;

(3) 根据工作表相关数据,生成一张"簇状柱形图"嵌入当前工作表中,要求系列产生在行,图表标题为"价格对照";

(4) 将生成的图表以"增强型图元文件"形式选择性粘贴到Word文档的末尾;

(5) 将工作簿以文件名:EX3,文件类型:Microsoft Excel工作簿(＊.xls),存放于Text3文件夹。

10. 将编辑好的文章以文件名:ED3,文件类型:RTF格式(＊.rtf),存放于Text3文件夹。

样张:

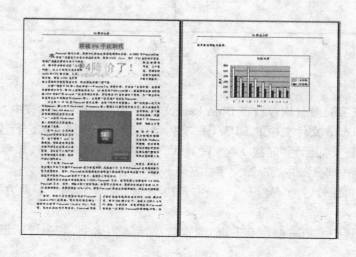

实验四

注：该实验素材均存放在 Download 文件夹下 Text4 子文件夹中。

调入 Text4 文件夹中的 ED4. rtf 文件，参考样张按下列要求进行操作。

1. 将页面设置为 A4 纸，上、下页边距为 2.5 厘米，左、右页边距为 3.5 厘米，每页 42 行，每行 36 个字符。

2. 给文章加标题"如何挽救电信行业的客户流失"，设置其格式为黑体、二号字、红色、居中对齐。

3. 设置正文第一段首字下沉 3 行，将其余段落设置为首行缩进 2 个字符。

4. 给正文第一段中的 IBM 设置脚注，内容为"International Business Machine"，编号格式为"，，…"，起始编号为 1，应用更改于整篇文档。

5. 参考样张，在正文第四段适当位置插入艺术字"服务质量"，要求采用"第四行第三列"样式，形状为"朝鲜鼓"，设置艺术字字体为华文新魏，字号为 40，环绕方式为四周型。

6. 给正文第六段设置带阴影的红色边框，浅黄色填充色。

7. 参考样张，在正文第八段适当位置以四周型环绕方式插入图片 service. jpg，设置图片高度为 3 厘米、宽度为 4 厘米。

8. 将正文最后一段分为等宽两栏，栏间加分隔线。

9. 根据提供的数据，制作如样张所示图表，具体要求如下：

(1) 将"电信测速. txt"文件中的数据转换为 Excel 工作表，要求自第二行第一列开始存放，工作表命名为"电信测速"；

(2) 在 D2 单元格输入"下载速度排名"，在 D3：D12 单元格中分别利用公式计算其下载速度所对应的名次；

(3) 在 A1 单元格中输入标题"江苏电信出口到省内外知名站点的网络性能"，并在 A1：D1 范围内跨列水平居中；

(4) 根据"网站名称"、"响应时间"两列数据，生成一张"簇状柱形图"嵌入当前工作表中，系列产生在行，图表标题为"各网站响应时间"，数据标志显示值；

(5) 将生成的图表以"增强型图元文件"形式选择性粘贴到 Word 文档的末尾；

(6) 将工作簿以文件名：EX4，文件类型：Microsoft Excel 工作簿(* . xls)，存放于 Text4 文件夹中。

10. 将编辑好的文章以文件名：ED4，文件类型：RTF 格式(* . rtf)，存放于 Text4 文件夹中。

样张：

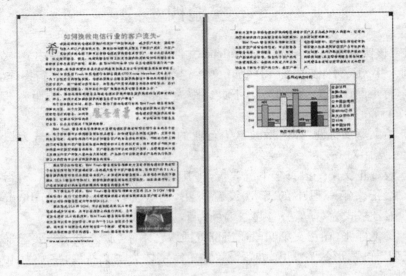

实验五

注：该实验素材均存放在 Download 文件夹下 Text5 子文件夹中。

调入 Text5 文件夹中的 ED5.rtf 文件，参考样张按下列要求进行操作。

1. 将页面设置为 A4 纸，上、下页边距为 3.5 厘米，左、右页边距为 2.5 厘米，每页 39 行，每行 39 个字符。

2. 给文章加标题"交通安全"，设置其格式为华文新魏、二号字、居中对齐，字符缩放 120%。

3. 设置奇数页页眉为"交通安全"，偶数页页眉为"珍惜生命"，均左对齐。

4. 设置正文第一段首字下沉 2 行，首字字体为宋体，其余各段设置为首行缩进 2 字符。

5. 给正文第三段加绿色 1.5 磅阴影边框，填充图案为 12.5% 的橘黄色底纹。

6. 参考样张，在正文第七段插入艺术字"普及交通安全教育"，选用"第四行第四列"样式，字号为 32，形状为正 V 型，环绕方式为紧密型。

7. 参考样张，在正文第六段中部插入图片 p1.jpg，图片的宽度、高度缩放均为 60%，环绕方式为四周型。

8. 将正文中所有的"生命"设置为隶书、倾斜、小四号字、褐色。

9. 根据 table.doc 文件提供的表格，制作如样张所示图表，具体要求如下：

（1）将 table. doc 文件中的表格转换为 Excel 工作表（不包括标题），要求表格自第二行第一列开始存放，工作表命名为"交通伤亡情况"；

（2）在 A1 单元格输入标题"交通伤亡情况"，设置字体格式为黑体，字号为24，并在 A1：E1 范围内合并及居中；

（3）在"交通伤亡情况"工作表中，在 E3：E12 各单元格中利用公式分别计算表中相应省份的伤亡合计，并在单元格 F3 中利用公式计算江苏省伤亡人数占表中十个省份伤亡总人数的百分比，结果保留 2 位小数；

（4）根据工作表"交通伤亡情况"的 B2：D12 数据，生成一张"簇状柱形图"嵌入到当前工作表中，数据系列产生在列，图表标题为"各省伤亡情况"；

（5）参考样张，将生成的图表以"增强型图元文件"形式选择性粘贴到 Word 文档的末尾；

（6）将工作簿以文件名：EX5，文件类型：Microsoft Excel 工作簿（＊. xls），存放于 Text5 文件夹中。

10. 将编辑好的文章以文件名：ED5，文件类型：RTF 格式（＊. rtf），存放于 Text5 文件夹中。

样张：

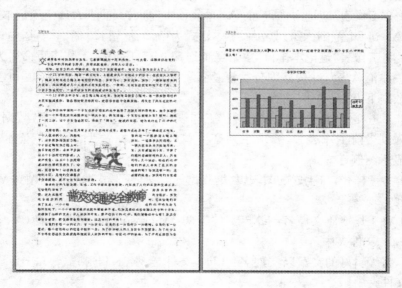

实验六

注：该实验素材均存放在 Download 文件夹下 Text6 子文件夹中。

调入 Text6 文件夹中的 ED6. rtf 文件，参考样张按下列要求进行操作。

1. 将文本文件 read. txt 的内容作为文章的最后一段。

2. 参考样张，给文章加标题"笔记本选购需避免的误区"，设置其字体格式为黑体、小二号、蓝色、居中，标题段后间距 0.5 行。

3. 参考样张，给标题段落加 1.5 磅蓝色边框，填充淡黄色底纹。

4. 将正文中的所有"效能"设置为粗体、红色，并加着重号。

5. 设置第一段首字下沉 2 行，首字字体为楷体、加粗、蓝色，并加上 1.5 磅红色边框，设置其余各段首行缩进 2 个字符，段前段后间距为 0.5 行。

6. 设置奇数页页眉为"电子产品"，偶数页页眉为"笔记本选购"，均居中显示。

7. 参考样张，在正文第一段中部插入图片 pic1. jpg，图片的宽度、高度缩放均为 80%，环绕方式为四周型。

8. 将正文第三段分为等宽的两栏，栏间加分隔线。

9. 根据 EX1. xls 文件提供的数据，制作如样张所示图表，具体要求如下：

（1）在工作表"笔记本排行"的 A1 单元格中输入标题"十大热门笔记本"，并设置其在 A1 到 D1 范围内跨列居中，字体格式为楷体、加粗、20 磅、垂直居中；

（2）将工作表"笔记本排行"数据复制到 Sheet2 工作表，工作表重命名为"热门笔记本关注汇总表"，并按品牌分类汇总各种笔记本的"今日关注度"之和（汇总结果放在数据下方）；

（3）参考样张，根据"笔记本排行"工作表中相关数据，生成一张"数据点折线图"，嵌入到当前工作表中，要求系列产生在列，图表标题为"十大笔记本价格比较"，不显示图例；

（4）参考样张，将生成的图表以"增强型图元文件"形式选择性粘贴到 Word 文档的末尾；

（5）将工作簿以文件名：EX6，文件类型：Microsoft Excel 工作簿（＊. xls），存放于 Text6 文件夹中。

10. 将编辑好的文章以文件名：ED6，文件类型：RTF 格式（＊. rtf），存放于 Text6 文件夹中。

样张：

实验七

注：该实验素材均存放在 Download 文件夹下 Text7 子文件夹中。

调入 Text7 文件夹中的 ED7. rtf 文件，参考样张按下列要求进行操作。

1. 将页面设置为 A4 纸，上、下页边距为 2.8 厘米，左、右页边距为 3 厘米，每页 45 行，每行 42 个字符。

2. 参考样张，给文章加标题"精细化管理"，将标题设置为华文新魏、二号字、居中对齐，字符缩放为 120％，加副标题"——中国企业的必由之路"，设置其格式为四号字，首行缩进 15 个字符。

3. 设置奇数页页眉为"精细化管理"，偶数页页眉为"中国企业的必由之路"，所有页的页脚均为自动图文集"第 X 页 共 Y 页"，页眉页脚均居中显示。

4. 设置正文第一段首字下沉 2 行，首字字体为楷体，其余各段首行缩进 2 个字符。

5. 将文中所有"精细化"字体设置为红色、加粗、"七彩霓虹"的文字动态效果。

6. 参考样张，在正文第二段插入艺术字"中国需要精细化管理"，采用"第三行第一列"样式，设置其字体格式为黑体、加粗，字号为 36，环绕方式为紧密型。

7. 参考样张，在正文第一页右下方以四周型环绕方式插入图片 book. jpg，并设置图片高度为 6 厘米，宽度为 4.5 厘米。

8. 将正文最后两段合并为一段，且分成等宽两栏，栏间加分隔线。

9. 根据 GDP. doc 文件提供的内容，制作如样张所示图表，具体要求如下：

（1）新建 Excel 工作簿，将 GDP. doc 文件中的内容转换为 Excel 工作表，要求数据自第二行第一列开始存放，工作表命名为"世界年 GDP 增长率"；

（2）在 Sheet1 工作表的 A1 单元格中输入标题"世界年 GDP 增长率"，设置其字体格式为楷体、蓝色，字号为 20，在 A1 到 H1 范围跨列居中；

（3）在"世界年 GDP 增长率"工作表的 A23 单元格中输入"全球 GDP 增长率"，在 B23：H23 单元格中，利用公式分别计算每年世界的平均 GDP 增长率，结果保留 2 位小数；

（4）根据"世界年 GDP 增长率"工作表 A23：H23 单元格区域数据，生成一张"数据点折线图"，并嵌入当前工作表中，要求系列产生在行，标题为"全球平均 GDP 增长率"，分类（X）轴标志为 B2：H2；

（5）参考样张，将生成的图表以"增强型图元文件"形式选择性粘贴到 Word 文档的末尾；

（6）将工作簿以文件名：EX7，文件类型：Microsoft Excel 工作簿（＊.xls），存放于 Text7 文件夹中。

10. 将编辑好的文章以文件名：ED7，文件类型：RTF 格式（＊.rtf），存放于 Text7 文件夹中。

样张：

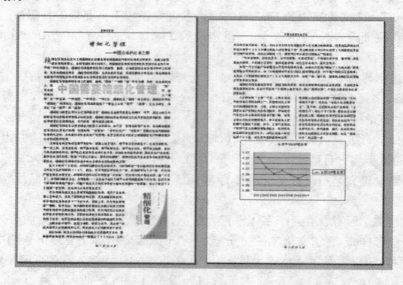

实验八

注：该实验素材均存放在 Download 文件夹下 Text8 子文件夹中。

调入 Text8 文件夹中的 ED8. rtf 文件，参考样张按下列要求进行操作。

1. 参考样张，在标题位置插入自选图形"横卷形"，在其中添加文字"奥林匹克运动会"，将字体格式设置为楷体、红色、二号字、居中、加粗，自选图形环绕方式为上下型。

2. 将页面设置为 A4 纸，上、下、左、右页边距均为 2 厘米。

3. 设置正文第一段首字下沉 2 行，首字字体格式为楷体、绿色，其余各段均设置为首行缩进 2 个字符。

4. 将全文中所有"奥运会"修改为"Olympic Games"，并设置其字体格式为西文字体 Arial Black、蓝色。

5. 将正文的最后一段分为等宽的两栏，栏距为 3 个字符，加分隔线。

6. 在正文第三段适当位置插入图片 img. jpg，大小为原图的 30%，环绕方式为四周型。

7. 参照样张，在正文适当位置插入竖排文本框，在其中输入文字"奥林匹克运动会"，设置格式为宋体、三号字、梅红色、"礼花绽放"的文字动态效果。

8. 设置页眉为"奥运会的百年史"，楷体、小四号字、居中显示。

9. 根据 jpb. txt 提供的内容，制作如样张所示图表，具体要求如下：

（1）将 jpb. txt 中的内容转换为 Excel 工作表（包括标题），工作表命名为"2004 年奥运奖牌榜"，要求数据自第一行第一列开始存放；

（2）在第一列前插入一列，并在 A3 单元格中输入"名次"，在 F3 单元格中输入"总数"，在 F4:F78 各单元格中分别计算各国奖牌总数，并根据"总数"由高到低的顺序，在 A4:A78 单元格中依次填入国家对应的名次（总成绩最高的为 1，不考虑并列名次）；

（3）在工作表"2004 年奥运奖牌榜"中，根据前 5 个"代表团"和"总数"数据，生成一张"簇状柱形图"嵌入当前工作表中，要求系列产生在列，图表标题为"2004 年奥运会前五名"，不显示图例，数据标志显示值；

（4）将生成的图表以"增强型图元文件"形式选择性粘贴到 Word 文档的末尾；

（5）将工作簿以文件名：EX8，文件类型：Microsoft Excel 工作簿（＊. xls），存放于 Text8 文件夹中。

10. 将编辑好的文章以文件名：ED8，文件类型：RTF 格式（＊. rtf），存放于 Text8 文件夹中。

样张：

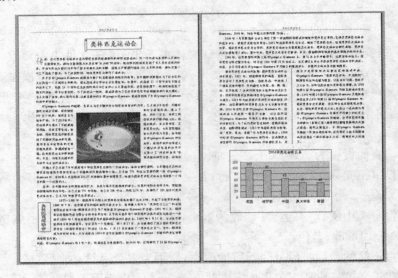

实验九

注：该实验素材均存放在 Download 文件夹下 Text9 子文件夹中。

调入 Text9 文件夹中的 ED9. rtf 文件，参考样张按下列要求进行操作。

1. 将页面设置为 16 开纸，上、下页边距为 3 厘米，左、右页边距为 2 厘米，每页 38 行，每行 40 个字符。

2. 给正文加标题"如何判断液晶显示器的质量好坏？"，设置其格式为黑体、三号字、居中显示，并给标题段加红色 1.5 磅方框，填充灰色－20％底纹。

3. 设置正文第一段首字下沉 3 行，首字字体为宋体，其余各段设置为首行缩进 2 个字符。

4. 参考样张，在正文适当位置插入竖排文本框，输入"今天你用液晶显示器了吗"，并设置其环绕方式为紧密型、右对齐。

5. 给正文设置页脚为"液晶显示器"，居中显示。

6. 将正文中所有"测试"设置为红色、加粗。

7. 将正文最后一段分为等宽两栏，栏间加分隔线。

8. 在正文第五段以四周型环绕方式插入图片 mg. gif，设置图片高度为 2 厘米，宽度为 3 厘米。

9. 根据"三星液晶报价表. doc"文件中提供的表格，制作如样张所示图表，具体要求如下：

（1）将"三星液晶报价表.doc"文件中的表格转换为 Excel 工作表，工作表命名为"液晶报价统计表"，要求表格自第一行第一列开始存放，并将第二、第三列的数据交换位置；

（2）在工作表"液晶报价统计表"中，在 D1 单元格中输入"跌幅"，在 D2：D12 各单元格中利用公式分别计算对应型号产品的跌幅（跌幅＝（原价格－新价格）/原价格），结果以百分比格式显示，保留 2 位小数；

（3）根据工作表"液晶报价统计表"相关数据（不包含第四列），生成一张"堆积折线图"，嵌入当前工作表中，要求数据系列产生在列，图表标题为"液晶报价比较"；

（4）将生成的图表以"增强型图元文件"形式选择性粘贴到 Word 文档的末尾；

（5）将工作簿以文件名：EX9，文件类型：Microsoft Excel 工作簿（*.xls），存放于 Text9 文件夹中。

10. 将编辑好的文章以文件名：ED9，文件类型：RTF 格式（*.rtf），存放于 Text9 文件夹中。

样张：

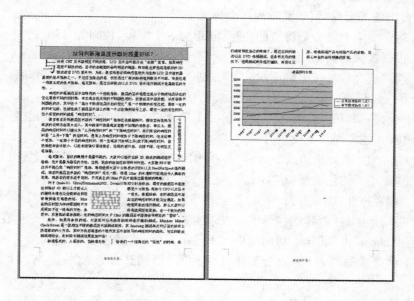

实验十

注：该实验素材均存放在 Download 文件夹下 Text10 子文件夹中。

调入 Text10 文件夹中的 ED10. rtf 文件，参考样张按下列要求进行操作。

1. 给文章加标题"江阴长江大跨越工程"，设置其格式为华文行楷、二号字、加粗、居中显示。

2. 设置标题字符间距为加宽 2 磅，文字效果为"七彩霓虹"。

3. 设置正文第一段首字下沉 2 行，距正文 0.5 厘米，首字字体为华文新魏，其余各段落首行缩进 2 个字符，设置正文行距为 18 磅，段前段后间距 0.5 行。

4. 参考样张，在正文第二段中间插入图片 img. jpg，设置其环绕方式为四周型，高度和宽度均为 4 厘米。

5. 为正文第四段加蓝色 1.5 磅阴影边框，左右距正文 6 磅。

6. 将正文所有"江阴长江大跨越"设置为斜体、加粗、红色、阳文。

7. 设置奇数页页眉为"江苏省送变电公司"，偶数页页眉为"江阴长江大跨越工程"，页脚插入页码，页眉页脚均居中显示。

8. 将正文第七段分为等宽的两栏，间距为 3 个字符，栏间加分隔线。

9. 根据提供的数据，制作如样张所示图表，具体要求如下：

（1）将"近几年区域电网电量. doc"文件中的数据转换为 Excel 工作表，要求从第二行第一列开始存放，工作表命名为"近几年区域电网电量"；

（2）合并 A1：E1 单元格，并将标题（A1 单元格）设置为华文行楷、红色、居中，字号为 18，其他各列列宽设置为 10；

（3）在 A10 单元格输入"平均"，并在 B10：E10 各单元格中利用函数分别计算 2005—2008 年平均用电量，结果保留 2 位小数，居中显示；

（4）参考样张中的图表，根据表中相应的单元格数据生成一张反映 2005—2008 年平均用电量的"簇状柱形图"，嵌入当前工作表中，要求其系列产生在行，图表标题为"2005—2008 年平均用电量"，不显示图例，数据标志显示值；

（5）将生成的图表以"增强型图元文件"的形式选择性粘贴到 Word 文档的末尾；

（6）将工作簿以文件名：EX10，文件类型：Microsoft Excel 工作簿（＊. xls），存放于 Text10 文件夹中。

10. 将编辑好的文章以文件名：ED10，文件类型：RTF 格式（＊. rtf），存放于 Text10 文件夹中。

样张：

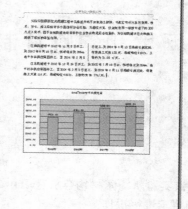

10　网页和幻灯片制作

实验一

注：该实验所需素材均存放在 Download 文件夹下 Web1 子文件夹中，参考样页按下列要求进行操作。

1. 创建一个具有"水平拆分"的框架网页，设置上框架初始网页为 a. htm。

2. 设置上框架高度为 300 像素，边距高度和宽度都为 20。

3. 将上框架网页中的文字"计算机网络的发展前景"，设置为宋体、加粗、斜体、24 磅字，超链接指向网页 b. htm。

4. 设置上框架网页的背景图片为 tu. gif。

5. 参考样页，在上框架网页文字下方插入一条水平线，并设置该网页背景音乐为 beauty. mid，循环播放。

6. 完善 PowerPoint 文件 Web. ppt，并发布为网页，作为下框架的初始网页，具体要求如下：

（1）打开 PowerPoint 演示文稿 Web. ppt，应用设计模板 Capsules. pot；

（2）将 Word 文件"计算机网络功能. doc"中的第一页和第二页分别复制到第二张和第三张幻灯片的正文中；

（3）在第二张幻灯片的文字下方插入图片 pic. jpg，并设置图片格式：高、宽均为 5 cm，水平方向距离左上角 10 cm，垂直方向距离左上角 10 cm，设置其动画效果为盒状；

（4）设置第二张幻灯片标题格式为宋体、加粗，字号为 36，并设置其动画效果为水平百叶窗；

（5）设置第三张幻灯片标题为隶书、斜体、居中，字号为 40，播放时快速闪烁，正文字体格式为华文新魏、粗体，字号为 28，播放时采用底部飞入的动画效果、伴有风铃声；

（6）将制作好的演示文稿以文件名为 Web，文件类型为演示文稿（＊. ppt）保存，同时另存为单个文件网页 Web. mht，作为下框架的初始网页，文件均存放于 Download 文件夹下的 Web1 文件夹中。

7. 将制作好的框架网页以文件名 Index. htm 保存，其他修改过的网页以原文件名保存，文件均存放于 Download 文件夹下的 Web1 文件夹中。

样页：

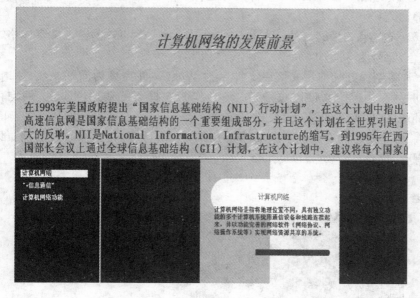

实验二

注：该实验所需素材均存放在 Download 文件夹下 Web2 子文件夹中，参考样页按下列要求进行操作。

1. 创建一个具有"目录"的框架网页，将 zs. htm 作为右框架初始网页。

2. 设置右框架宽度为 150 像素，边距高度和宽度均为 15，设置左框架宽度为 200 像素，边距高度和宽度均为 20。

3. 设置右框架网页中的文字"小知识：什么是掌上电脑"字体格式为宋体、加粗、红色、24 磅，并超链接到 http://www. sina. com. cn。

4. 设置右框架网页的背景为 pic. jpg。

5. 在右框架网页的文字下方插入一条水平线，并设置背景音乐为 tv. mid。

6. 完善 PowerPoint 文件 Web. ppt，并发布为网页，作为左框架的初始网页，具体要求如下：

（1）打开 PowerPoint 演示文稿 Web. ppt，应用设计模板 Ribbons. pot；

（2）将 Word 文件"制作功能. doc"中的第一页和第二页分别复制到第二张和第三张幻灯片的正文中；

（3）在第四张幻灯片中插入任一剪贴画，并设置该剪贴画格式：高、宽均为 10 cm，水平方向距离左上角 6 cm，垂直方向距离左上角 6 cm，动画效果为左侧飞入、伴有风铃声；

　　（4）设置第一和第二张幻灯片的标题为隶书、加粗、黄色，字号为 44，动画效果为底部切入；

　　（5）设置第三张幻灯片标题为宋体、居中，字号为 36，设置正文字体格式为宋体、红色，字号为 32；

　　（6）将制作好的演示文稿以文件名为 Web，文件类型为演示文稿（＊. ppt）保存，同时另存为单个文件网页 Web. mht，作为左框架的初始网页，文件均存放于 Download 文件夹下的 Web2 文件夹中。

　　7. 将制作好的框架网页以文件名 Index. htm 保存，其他修改过的网页以原文件名保存，文件均存放于 Download 文件夹下的 Web2 文件夹中。

　　样页：

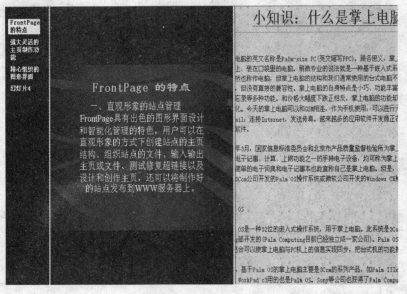

<h1 style="text-align:center">实验三</h1>

　　注：该实验所需素材均存放在 Download 文件夹下 Web3 子文件夹中，参考样页按下列要求进行操作。

　　1. 创建一个具有"横幅和目录"的框架网页，将 Top. htm、Right. htm 分别设置为上框架、右框架初始网页。

　　2. 新建左框架网页，设置左框架宽度为 240 像素，右框架边距宽度为 50 像素，上框架高度为 110 像素。

　　3. 参考样页，在上框架网页标题下方插入字幕"欢迎学习和使用 MATLAB"，方向为右,延迟速度为 60,表现方式为滚动条,字体颜色为红色,大小为 18 磅。

4. 在左框架网页中,插入一个 5 行 1 列的表格,表格边框粗细为 0,在表格中分别输入 grid. txt 中的每行文本,并为每行文字设置超链接,分别指向右框架网页中相应内容的段落。(提示:需先创建书签)

5. 在上框架网页中,设置背景音乐为 back. mid,背景颜色为浅蓝色。

6. 完善 PowerPoint 文件 Web. ppt,并发布为网页,链接到网页中,具体要求如下:

(1) 打开 PowerPoint 文件 Web. ppt,应用设计模板 Nature. pot;

(2) 插入第六张幻灯片,要求选取"标题"自动版式,设置标题内容为"图示",并在下方插入图片 Matlab. gif;

(3) 设置第二张幻灯片切换效果为从左抽出、快速、伴有打碎玻璃声音;

(4) 在第六张幻灯片的右下角插入"开始"动作按钮,指向首张幻灯片;

(5) 将制作好的演示文稿以文件名为 Web,文件类型为演示文稿(∗. ppt)保存,同时另存为单个文件网页 Web. mht,文件均存放于 Download 文件夹下的 Web3 文件夹中;

(6) 在左框架网页中为文字"MATLAB 与 ActiveX"建立超链接,指向 Web. mht 文件,目标框架为"新建窗口"。

7. 将制作好的框架网页、左框架网页分别以文件名 Index. htm 和 Left. htm 保存,其他修改过的网页以原文件名保存,文件均存放于 Download 文件夹下的 Web3 文件夹中。

样页:

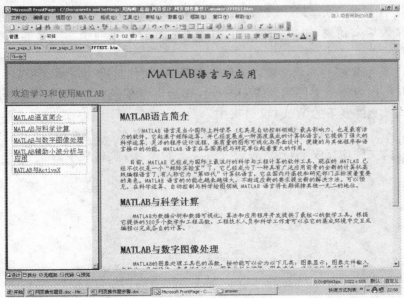

实验四

注：该实验所需素材均存放在 Download 文件夹下 Web4 子文件夹中，参考样页按下列要求进行操作。

1. 创建一个具有"横幅和目录"的框架网页，将 aa. htm、bb. htm 分别设为左、右框架的初始网页。

2. 设置左框架宽度为 200 像素，高度为 100 像素，右框架宽度为 150 像素，高度为 100 像素。

3. 在左框架网页底部左下角输入文字"友情链接"，设置其字体格式为宋体、10 磅字，超链接指向 http://www. sina. com. cn。

4. 在左、右框架网页中，设置背景音乐为 music. mid，背景颜色分别为浅绿色和黄色。

5. 完善 PowerPoint 文件 Web. ppt，并发布为网页，作为上框架的初始网页，具体要求如下：

（1）打开 PowerPoint 演示文稿 Web. ppt，应用设计模板 Echo. pot；

（2）在第二张幻灯片中插入图片 tupian. jpg，并设置图片格式：高、宽分别为 9.35 cm 和 10 cm，水平方向距离左上角 6.55 cm，垂直方向距离左上角 5.5 cm；

（3）设置图片播放时动画效果为盒状、方向向内、伴有鼓声；

（4）将 Word 文件"简介. doc"中所有的内容复制到第三张幻灯片的正文中；

（5）设置第三张幻灯片标题为隶书、斜体、居中，字号为 60，播放时快速闪烁，正文为华文新魏、粗体，字号为 28，播放时采用从底部飞入的动画效果、伴有风铃声；

（6）将制作好的演示文稿以文件名为 Web，文件类型为演示文稿（∗. ppt）保存，同时另存为单个文件网页 Web. mht，作为上框架的初始网页，文件均存放于 Download 文件夹下的 Web4 文件夹中。

6. 将制作好的框架网页以文件名 Index. htm 保存，其他修改过的网页以原文件名保存，文件均存放于 Download 文件夹下的 Web4 文件夹中。

样页：

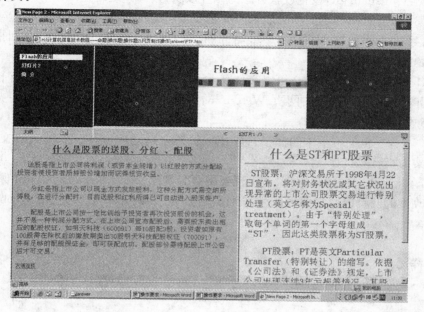

实验五

注：该实验所需素材均存放在 **Download** 文件夹下 **Web5** 子文件夹中，参考样页按下列要求进行操作。

1. 创建一个"嵌入式层次结构"的框架网页，将 Left. htm 和 Haojie. htm 分别设为左框架和右上框架的初始网页。

2. 设置右上框架网页的主题为彩条，设置右下框架的高度为 150 像素。

3. 新建右下框架网页，在网页中输入文字"2001 年畅销软件"，并设置其字体格式为隶书、褐红、24 磅，当鼠标悬停时出现浅蓝色凸线边框。

4. 为左框架网页中的文字"豪杰系列"、"瑞星杀毒 2002"和"东方大典 XP"建立超链接分别指向 Haojie. htm、Ruixing. htm 和 Dongfang. htm。

5. 设置右下框架网页的背景为 backgnd. bmp，背景音乐为 blood. mid，循环播放。

6. 完善 PowerPoint 文件 Web. ppt，并发布为网页，链接到网页中，具体要求如下：

（1）打开 Web. ppt，设置文稿应用设置模板为 Sumi painting. pot，并给该页幻灯片的页脚加入时间"2008 年 8 月 8 日"；

（2）插入第五张幻灯片，并设置"只有标题"格式，标题为"图标"，在文字下方插入图片 jinshan. gif，设置放映方式为循环放映，按 Esc 键终止；

（3）设置首页标题的动画效果为中速展开，并伴有风铃声；

（4）为首页的"金山毒霸"、"金山词霸"、"金山快译"建立超链接，分别指向相应标题的幻灯片；

（5）将制作好的演示文稿以文件名为 Web，文件类型为演示文稿(＊.ppt)保存，同时另存为单个文件网页 Web. mht，文件均存放在 Download 文件夹下的 Web5 文件夹中；

（6）为左框架网页中的文字"金山系列"建立超链接，指向 Web. mht 文件，目标框架为"新建窗口"。

7. 将制作好的框架网页、右下框架网页分别以 Index. htm、Bott. htm 保存，其他修改过的网页以原文件名保存，文件均存放在 Download 文件夹下的 Web5 文件夹中。

样页：

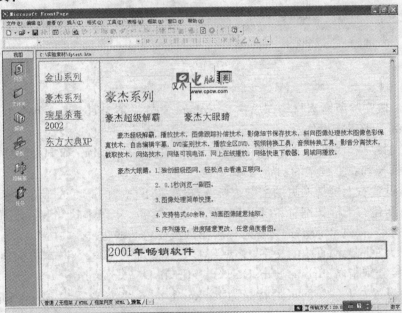

实验六

注：该实验所需素材均存放在 Download 文件夹下 Web6 子文件夹中，参考样页按下列要求进行操作。

1. 打开文件夹"Web6"，编辑网页 Index.htm，设置该网页标题为"希腊爱琴海之旅"，设置上框架高度为 139 像素，在其中新建空白网页，插入图片 greece.jpg，左对齐，并输入文字"欧洲的阳台——希腊"，设置其字体格式为隶书、加粗、六号字，字体颜色为 Hex＝{CC,66,FF}。

2. 为框架网页 Index.htm 添加背景音乐 music.mid，循环播放。

3. 参考样页，在左框架中新建空白网页，在网页中插入一个 4 行 1 列表格，无边框，设置表格高度为 200 像素，依次在单元格中输入"鸽子之岛——Egina"、"美丽生动——Poros"、"特立独行——IdraIdra"和"希腊其他旅游胜地"，字体格式均为黑体、三号。

4. 设置右框架初始网页为 right.htm，并设置其主题为"彩条"，采用鲜艳的颜色、动态图形和背景图片。

5. 为左框架网页中各单元格的文字建立超链接，分别指向右框架网页中对应的书签，目标框架均为右框架。

6. 完善 PowerPoint 文件 Web.ppt，并发布为网页，链接到网页中，具体要求如下：

（1）插入标题幻灯片作为第一张幻灯片，标题为"希腊必游之地"，副标题为"爱琴海艾伊娜岛（AIGINA）"；

（2）所有幻灯片应用文件夹 Web6 中设计模板 Globe.pot，幻灯片切换方式为随机；

（3）设置幻灯片包含自动更新的日期和时间，并显示幻灯片编号；

（4）为最后一张幻灯片设置动作按钮，链接到第三张幻灯片，并设置该动作按钮的动画效果为垂直百叶窗；

（5）将制作好的演示文稿以文件名为 Web，文件类型为演示文稿（＊.ppt）保存，同时另存为单个文件网页 Web.mht，文件均存放于 Download 文件夹下的 Web6 文件夹中；

（6）为左框架网页中文字"希腊其他旅游胜地"创建超链接，指向 Web.mht，目标框架为"新建窗口"。

7. 将上框架和左框架分别以文件名 top.htm 和 left.htm 保存，其他所有修改过的网页以原文件名保存，文件均存放于 Download 文件夹下的 Web6 站点中。

样页：

实验七

注：该实验所需素材均存放在 **Download** 文件夹下 **Web7** 子文件夹中，参考样页按下列要求进行操作。

1. 打开站点"Web7"，编辑网页 Index. htm，将上框架和下框架的初始网页分别设置为 DL1. htm 和 DL2. htm。

2. 在上框架网页中，为方括号中的文字建立超链接，分别指向下框架网页中对应的书签，目标框架均为下框架（bottom）。

3. 在上框架网页第一行位置输入标题"地理杂谈"，并设置其格式为紫色、18 磅、隶书。

4. 参考样页，在标题和各个栏目之间插入一条紫色、高 1 个像素的水平线，居中显示，并适当调整上框架高度。

5. 设置下框架网页过渡效果为圆形放射，进入网页时发生。

6. 完善 PowerPoint 文件 Web. ppt，并发布为网页，链接到网页中，具体要求如下：

（1）设置第一张幻灯片背景图片为 a. jpg；

（2）设置第一张幻灯片标题"闲话地理"动画效果为向右擦除；

（3）删除第五张幻灯片，并将第四张幻灯片移至第三张幻灯片之前；

（4）在所有幻灯片页脚处插入自动更新的日期；

（5）将制作好的演示文稿以文件名为 Web，文件类型为演示文稿（＊.ppt）保存，同时另存为单个文件网页 Web.mht，文件均存放于 Download 文件夹下的 Web7 文件夹中；

（6）为下框架网页中文字"闲话地理"创建超链接，指向 Web.mht，目标框架为"新建窗口"。

7. 将所有修改过的网页以原文件名保存，文件均存放于 Download 文件夹下的 Web7 站点中。

样页：

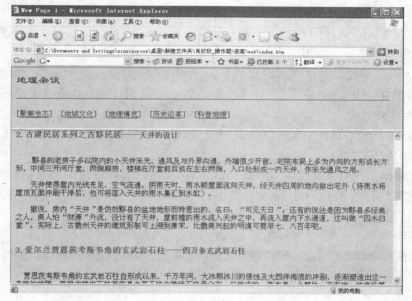

实验八

注：该实验所需素材均存放在 Download 文件夹下 Web8 子文件夹中，参考样页按下列要求进行操作。

1. 打开站点"Web8"，新建一个"横幅和目录"框架网页，将上、左和右框架的初始网页分别设置为 top.htm、left.htm 和 right.htm。

2. 将上框架网页中的文字"网页设计软件"设置为居中显示、蓝色、加粗、36磅，并应用为字幕，方向向右，表现方式为滚动条。

3. 为左框架网页中"Dreamweaver"、"Flash"、"Fireworks"、"Frontpage"、"HTML/CSS"和"Javascript"建立超链接，分别指向 Dreamweaver.htm、Flash.

htm、Fireworks.htm、Frontpage.htm、Html_css.htm 和 Javascript.htm，目标框架均为右框架（main）。

4. 在左框架网页中，设置超链接颜色为蓝色、已访问超链接颜色为褐色、当前超链接颜色为红色。

5. 在右框架网页中，设置网页背景为 back.gif，网页过渡效果为纵向棋盘式，进入网页时发生，周期为 2 秒。

6. 完善 PowerPoint 文件 Web.ppt，并发布为网页，链接到网页中，具体要求如下：

（1）设置第一张幻灯片切换效果为水平百叶窗、伴有相机声、单击鼠标时换页；

（2）为所有幻灯片应用文件夹 Web8 中的设计模板 Ocean.pot；

（3）设置第二张幻灯片的背景填充效果为斜纹布纹理；

（4）在第四张幻灯片的右下角插入图片 wappage.gif，设置图片大小缩放为400%，动画效果为自底部飞入、中速；

（5）将制作好的演示文稿以文件名为 Web，文件类型为演示文稿（*.ppt）保存，同时另存为单个文件网页 Web.mht，文件均存放于 Download 文件夹下的Web8 文件夹中；

（6）为左框架网页中文字"WAP 网页设计软件"创建超链接，指向 Web.mht，目标框架为"新建窗口"。

7. 将框架网页以文件名 Index.htm 保存，其他所有修改过的网页以原文件名保存，文件均存放于 Download 文件夹下的 Web8 站点中。

样页：

实验九

注：该实验所需素材均存放在 Download 文件夹下 Web9 子文件夹中，参考样页按下列要求进行操作。

1. 打开站点"Web9"，编辑网页 Index. htm，设置框架网页背景音乐为 music. mid，循环次数不限，设置右框架的初始网页为 main. htm。

2. 设置左框架宽度为 250 像素，上框架高度为 80 像素。

3. 参考样页，在左框架网页中插入文件名为 icon. jpg 的图片，并设置图片的 DHTML 效果为网页加载时螺旋。

4. 在左框架网页图片下方添加一个交互式按钮，按钮文本为"我爱运动"，按钮样式为"编织环 4"。

5. 在上框架网页中，设置背景图片为 background. jpg，呈水印效果，将文字"秘密花园"设置为字幕，方向向左，延迟速度为 70，表现方式为交替，设置字幕样式中字体格式为隶书、加粗、18 磅。

6. 完善 PowerPoint 文件 Web. ppt，并发布为网页，链接到网页中，具体要求如下：

（1）为所有幻灯片应用设计模板 Clouds. pot，设置第一张幻灯片的副标题格式为宋体，字号为 40，并设置其动画效果为自右侧飞入；

（2）为第二张幻灯片中的四张图片建立超级链接，分别指向相对应的第三、第四、第五和第六张幻灯片；

（3）设置所有幻灯片切换方式为水平百叶窗、中速、单击鼠标时换页并伴有鼓掌声音；

（4）除标题幻灯片外，在其他幻灯片中插入页脚"我爱运动"；

（5）将制作好的演示文稿以文件名：Web，文件类型：演示文稿（∗. ppt）保存，同时另存为单个文件网页 Web. mht，文件均存放于 Download 文件夹下的 Web9 文件夹中；

（6）为左框架网页中的悬停按钮建立超链接，指向 Web. mht 文件，目标框架为"新建窗口"。

7. 将所有修改过的网页以原文件名保存，文件均存放于 Download 文件夹下的 Web9 站点中。

样页：

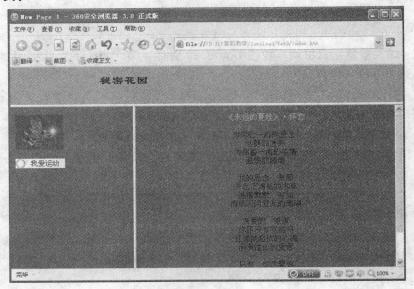

实验十

注：该实验所需素材均存放在 Download 文件夹下 Web10 子文件夹中，参考样页按下列要求进行操作。

1. 打开站点"Web10"，编辑网页 Index. htm，在上框架网页中插入字幕"不同季节的读书方法"，方向向右，延迟速度为 40，表现方式为交替，设置字幕文字格式为红色、加粗、24 磅。

2. 在中框架网页中，为每个大括号中的文字创建超链接，分别指向下框架网页（main. htm）中同名书签。

3. 设置下框架网页的背景颜色为绿色。

4. 设置上框架网页的标题为"不同季节的读书方法"，框架间距为 4。

5. 在下框架网页的最上方插入站点计数器，选用第 3 行样式，且计数器重置为 0。

6. 完善 PowerPoint 文件 Web. ppt，并发布为网页，链接到网页中，具体要求如下：

（1）设置第一张幻灯片切换效果：纵向棋盘式、中速，单击鼠标换页，并伴有爆炸声音；

（2）将文本文件"四季读书. txt"中的第四段文字"夏天……"复制到第五张幻灯片提示语为"单击此处添加文本"的文本框中，并将文本框中文字旋转 90°；

（3）在第七张幻灯片右下方输入文字"回首页"，并为其创建超链接，指向第一张幻灯片；

（4）在第一张幻灯片中插入图片 read.jpg；

（5）将制作好的演示文稿以文件名：Web，文件类型：演示文稿（*.ppt）保存，同时另存为单个文件网页 Web.mht，文件均存放于 Download 文件夹下的 Web10 文件夹中；

（6）在中框架网页中，为文字"点击查看演示文稿"创建超链接，指向 Web.mht，目标框架为"新建窗口"。

7. 将所有修改过的网页以原文件名保持，文件均存放于 Download 文件夹下的 Web10 站点中。

样页：

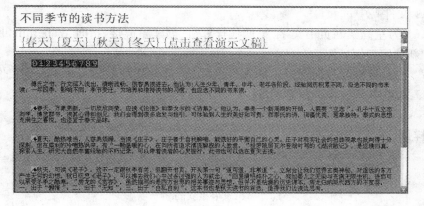

实验十一

注：该实验所需素材均存放在 Download 文件夹下 Web11 子文件夹中，参考样页按下列要求进行操作。

1. 打开站点"Web11"，编辑网页 Index.htm，设置上框架的初始网页为 Top.htm，背景音乐为 music.mid，播放 5 次。

2. 设置上框架高度为 150 像素，可在浏览器中调整大小。

3. 设置右框架初始网页为 right.htm，为该网页应用"对折"主题，并采用鲜艳的颜色和背景图片。

4. 参考样页，在右框架网页中插入图片 right.jpg，设置图片宽度、高度分别为 600 像素和 140 像素，水平间距为 70。

5. 设置左框架网页 left.htm 中表格亮边框颜色为红色，暗边框颜色为浅蓝色。

6. 完善 PowerPoint 文件 Web. ppt，并发布为网页，链接到网页中，具体要求如下：

(1) 打开文件 Web. ppt，插入第五张幻灯片，版式为项目清单，将"主要应用领域. doc"文件中的文字复制到第五张幻灯片中，标题设置为宋体，字号为 44；

(2) 为所有幻灯片应用设计模板 Blends. pot，除标题幻灯片外，其他所有幻灯片页脚处插入自动更新的日期，样式为"××××年××月××日"；

(3) 为第一张幻灯片中的"使用年代"、"使用的主要元器件"、"使用的软件类型"和"主要的应用领域"建立超链接，分别指向相应标题的幻灯片；

(4) 给除第一张幻灯片外的所有幻灯片右上角插入图片 computer. jpg；

(5) 将制作好的演示文稿以文件名：Web，文件类型：演示文稿(∗. ppt)保存，同时另存为单个文件网页 Web. mht，文件均存放于 Download 文件夹下 Web11 文件夹中；

(6) 为左框架网页中文字"第四代计算机"创建超链接，指向 Web. mht，目标框架为"新建窗口"。

7. 将所有修改过的网页以原文件名保持，文件均存放于 Download 文件夹下 Web11 站点中。

样页：

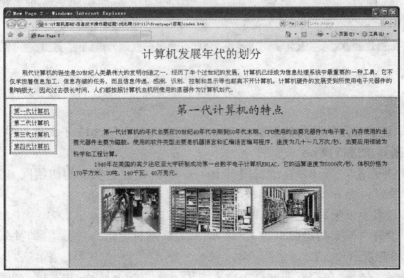

11   Access 操作

实验一

注：该实验所需素材均存放在 Download 文件夹下 Acs 子文件夹中。

打开 Acs 文件夹中的"教学管理.mdb"数据库，在该数据库中有三张表，分别为教师表、任课表和系名表，表文件名分别是 JS、RK 和 XIMING，表结构分别如表 1-1、表 1-2 和表 1-3 所示。

表 1-1   教师表结构

字 段 名	数据类型	说　　明
工　　号	文本(4)	主　　键
姓　　名	文本(8)	
出生年月	日期/时间	
性　　别	文本(2)	
职　　称	文本(8)	
工　　资	货　　币	
系 代 号	文本(2)	

表 1-2   任课表结构

字 段 名	数据类型	说　　明
课程代号	文本(2)	
课程名称	文本(20)	
系 代 号	文本(2)	外部关键字
工　　号	文本(4)	外部关键字
学　　分	数字(整型)	
学　　时	数字(整型)	
考试类型	文本(4)	

表 1-3　系名表结构

字 段 名	数据类型	说　明
系 代 号	文本(2)	主关键字
系 名 称	文本(20)	
系 编 号	文本(2)	

按下列要求进行操作：

1. 复制 JS 表，并命名为 T1。

2. 在 XIMING 表中，删除字段"系编号"。

3. 在 RK 表中增加一条记录，其各字段值依次为"13"、"工商管理"、"06"、"A004"、5、90、"闭卷"。

4. 基于 RK 表查询所有考试类型为"闭卷"的课程情况，要求输出课程代号、课程名称、学分、学时和考试类型，查询保存为 Q1。

5. 基于 XIMING 表和 JS 表，查询各个系教师的人数，要求输出系代号和人数，并按人数的降序排序，查询保存为 Q2。

6. 保存数据库"教学管理.mdb"。

实验二

注：该实验所需素材均存放在 Download 文件夹下 Acs 子文件夹中。

打开 Acs 文件夹中"教师信息.mdb"数据库，在该数据库中有三张表，分别为教师表、任课表和课程表，表文件名分别是 JS、RK 和 KC，表结构分别如表 2-1、表 2-2 和表 2-3 所示。

表 2-1　教师表结构

字段含义	字 段 名	数据类型	说　明
工　号	GH	文本(4)	主　键
姓　名	XM	文本(8)	
系　名	XIMING	文本(12)	
性　别	XB	文本(2)	
职　称	ZC	文本(6)	
工　资	GZ	数字(整型)	

表 2 - 2　任课表结构

字段含义	字段名	数据类型	说　明
工　　号	GH	文本(4)	外部关键字
课 程 号	KCH	文本(2)	外部关键字
开课专业	KKZY	文本(20)	

表 2 - 3　课程表结构

字段含义	字段名	数据类型	说　明
课 程 号	KCH	文本(2)	主关键字
课 程 名	KCM	文本(20)	
开课时间	KKSJ	文本(2)	

按下列要求进行操作：

1. 利用表设计器修改教师表结构

(1) 将职称字段的宽度改为 8；

(2) 增加一个新字段，字段名为 CSRQ(出生日期)，数据类型为日期/时间。

2. 利用数据表视图添加、修改、删除表记录

(1) 在 KC 表中添加如表 2 - 4 所示的记录；

表 2 - 4　课程表记录

课 程 号	课 程 名	开课时间
12	软件工程	春
13	C 语言程序设计	秋

(2) 将 KC 表中"KCH"为 01 的"KKSJ"改为秋；

(3) 删除 KC 表中的"KCM"为"大学语文"的记录。

3. 利用查询设计器查询所有工资在 2500 元以上的教师的工号、姓名及工资，并将工资按升序排序，查询保存为 CX1。

4. 利用查询设计器查询所有教师的任课情况，要求输出工号、姓名、课程号、课程名及开课专业，并按工号降序排序，查询保存为 CX2。

5. 利用查询设计器查询教师表中各系教师的最低工资和最高工资，要求输出系名、最低工资和最高工资，查询保存为 CX3。

6. 利用查询设计器查询教师表中各系男、女教师人数，要求输出系名、性别及人数，查询保存为 CX4。

7. 使用 SQL 语句创建查询职称为"教授"的教师任课情况,要求输出工号、姓名和课程号,查询保存为 CX5。

8. 使用 SQL 语句创建查询统计各系教师的工资总额和平均工资,要求输出系名、工资总额和平均工资,并按工资总额降序排序,查询保存为 CX6。

9. 使用 SQL 语句创建查询统计每个教师任课门数,要求输出工号和任课门数,查询保存为 CX7。

实验三

注:该实验所需素材均存放在 Download 文件夹下 Acs 子文件夹中。

打开 Acs 考生文件夹中"学生管理. MDB"数据库,其中表及表的所有字段均用汉字来命名以表示其意义。按下列要求进行操作:

1. 基于"图书"表,查询藏书数大于等于 2 本的所有图书,要求输出书编号、书名、作者及藏书数,查询保存为"CX1"。

2. 基于"学生"和"借阅"表,查询借阅超期的学生每本书超期天数(归还日期－借阅日期＞15 天为超期)以及每本书的罚款金额(超期天数×0.1),要求输出学号、姓名、书编号、超期天数、罚款金额,查询保存为"CX2"。

3. 保存数据库"学生管理. MDB"。

实验四

注:该实验所需素材均存放在 Download 文件夹下 Acs 子文件夹中。

打开 Acs 考生文件夹中"学生管理. MDB"数据库,其中表及表的所有字段均用汉字来命名以表示其意义。按下列要求进行操作:

1. 基于"学生"和"成绩"表,查询 Word 成绩大于 10 分并且 Excel 成绩大于 10 分的学生名单,要求输出学号、姓名、Word 和 Excel,查询保存为"CX1"。

2. 基于"院系"、"学生"和"奖学金"表,查询各个院系学生获各种奖项的情况,要求输出院系代号、奖励类别及奖励总金额,查询保存为"CX2"。

3. 保存数据库"学生管理. MDB"。

实验五

注:该实验所需素材均存放在 Download 文件夹下 Acs 子文件夹中。

打开 Acs 考生文件夹中"学生管理. MDB"数据库,其中表及表的所有字段均用汉字来命名以表示其意义。按下列要求进行操作:

1. 基于"学生"和"奖学金"表,查询所有获"滚动奖",且出生日期在"1991-9-1"及以后的学生获奖情况,要求输出学号、姓名、奖励类别和出生日期,查询保存为"CX1"。

2. 基于"院系"、"学生"和"成绩"表,查询各院系学生"选择"最高分和"成绩"平均分,要求输出院系名称、选择最高分及成绩平均分,查询保存为"CX2"。

3. 保存数据库"学生管理.MDB"。

实验六

注:该实验所需素材均存放在 Download 文件夹下 Acs 子文件夹中。

打开 Acs 考生文件夹中"学生管理.MDB"数据库,其中表及表的所有字段均用汉字来命名以表示其意义。按下列要求进行操作:

1. 基于"学生"、"借阅"和"图书"表,查询书编号为"G0001"或"P0001"的图书借阅情况,要求输出学号、姓名、书编号和书名,并按学号升序排序,查询保存为"CX1"。

2. 基于"院系"、"学生"和"成绩"表,查询各院系成绩优秀的学生人数,成绩优秀的条件为"成绩"大于或等于 85 分,且"选择"大于或等于 30 分。要求输出院系代码、院系名称和优秀人数,并按优秀人数降序排序,查询保存为"CX2"。

3. 保存数据库"学生管理.MDB"。

实验七

注:该实验所需素材均存放在 Download 文件夹下 Acs 子文件夹中。

打开 Acs 考生文件夹中"学生管理.MDB"数据库,其中表及表的所有字段均用汉字来命名以表示其意义。按下列要求进行操作:

1. 基于"院系"、"学生"和"借阅"表,查询各院系学生借书本数(同一本书多次借阅,重复计数),要求输出院系代码、院系名称、学号、姓名和本数,查询保存为"CX1"。

2. 基于"学生"和"奖学金"表,查询所有获"校长奖"的江苏籍学生获奖情况,要求输出学号、姓名、籍贯、奖励类别及奖励金额,并按奖励金额降序排序,查询保存为"CX2"。

3. 保存数据库"学生管理.MDB"。

实验八

注：该实验所需素材均存放在 Download 文件夹下 Acs 子文件夹中。

打开 Acs 考生文件夹中"学生管理. MDB"数据库，其中表及表的所有字段均用汉字来命名以表示其意义。按下列要求进行操作：

1. 基于"学生"和"奖学金"表，查询所有获奖金额大于 500 元的男生的获奖情况，要求输出学号、姓名、奖励类别和奖励金额，并按奖励金额降序排列，查询保存为"CX1"。

2. 基于"报名"表，查询各校区各语种报名人数，只显示报名人数不足 100 人的记录，要求输出语种代码、校区和人数，查询保存为"CX2"（语种代码为准考证号的 4—6 位，可使用 MID(准考证号,4,3)函数获得）。

3. 保存数据库"学生管理. MDB"。

第三部分

附　录

附录1 理论学习指导参考答案

1 信息技术概述

1.4.1 判断题

1. N 2. Y 3. N 4. Y 5. N 6. N 7. Y 8. N 9. N 10. N 11. N
12. Y 13. Y 14. N 15. Y 16. N 17. Y 18. Y 19. Y 20. N 21. N
22. N 23. N 24. N 25. Y 26. Y 27. N 28. Y 29. N 30. Y

1.4.2 选择题

1. C 2. C 3. D 4. C 5. C 6. A 7. A 8. D 9. B 10. C 11. A
12. C 13. A 14. A 15. D 16. D 17. B 18. C 19. A 20. C 21. A
22. D 23. A 24. D 25. C 26. D 27. B 28. D 29. B 30. B 31. D
32. B 33. C 34. C 35. C 36. D 37. C 38. A 39. B 40. B 41. C
42. C 43. B 44. C 45. A 46. A 47. B 48. A 49. C 50. D

1.4.3 填空题

1. 1011	2. 1
3. −1	4. 11100011
5. 0~15	6. −1024
7. 1000	8. 取反
9. 11000011	10. 8
11. 2A5	12. 11111111
13. 377	14. ASCII
15. 128	16. 数字技术
17. 奇偶校验	18. 带符号整数
19. GHz	20. D

2　计算机组成原理

2.4.1　判断题

1. Y　2. N　3. N　4. N　5. Y　6. N　7. N　8. N　9. N　10. N　11. N
12. Y　13. Y　14. N　15. Y　16. N　17. Y　18. N　19. N　20. N　21. N
22. Y　23. N　24. N　25. N　26. Y　27. N　28. Y　29. N　30. Y

2.4.2　选择题

1. C　2. C　3. D　4. C　5. B　6. B　7. B　8. D　9. B　10. C　11. A
12. D　13. C　14. B　15. B　16. C　17. B　18. D　19. B　20. D　21. C
22. C　23. D　24. D　25. C　26. D　27. D　28. B　29. B　30. C　31. C
32. D　33. A　34. A　35. D　36. C　37. B　38. D　39. A　40. A　41. B
42. B　43. A　44. D　45. A　46. C　47. C　48. B　49. C　50. C　51. D
52. B　53. C　54. A　55. C　56. D　57. A　58. A　59. C　60. C　61. B
62. B　63. C　64. C　65. D　66. A　67. D　68. B　69. D　70. D　71. D
72. A　73. A　74. C　75. C　76. A　77. D　78. B　79. D　80. A　81. D
82. D　83. B　84. D　85. A　86. D　87. B　88. D　89. C　90. B　91. D
92. C　93. A　94. A　95. A　96. C　97. A　98. A　99. D　100. B　101. C
102. D　103. A　104. D　105. B　106. B　107. D　108. A　109. D　110. A
111. A　112. C　113. A　114. C　115. D　116. D　117. A　118. D　119. C
120. B

2.4.3　填空题

1. USB
2. 存储器
3. 内存
4. 系统总线
5. 2
6. USB
7. 寄存器
8. 控制器
9. 64 GB
10. 扇区
11. 存储程序控制
12. 译码
13. 并行
14. 系统自举
15. CMOS
16. SRAM
17. CPU
18. SATA
19. CCD
20. PCI-E

21. 地址
22. 60MB/s(或 480Mb/s)
23. 对角线
24. 逻辑运算
25. 多处理器系统
26. 无线波
27. 一次写入
28. USB
29. 短
30. 显示存储器
31. PCI-E
32. 数据压缩
33. 喷头
34. ccd
35. 传输速率
36. 可改写
37. 磁头号
38. CD-R/W
39. 2
40. LCD
41. 只读存储器(或 ROM)
42. 分辨率
43. 颜色数目
44. 512
45. 墨水
46. SATA
47. 集成
48. 35
49. 碳粉
50. 地址

3　计算机软件

3.4.1　判断题

1. Y　2. N　3. Y　4. N　5. Y　6. Y　7. N　8. N　9. N　10. N　11. N
12. Y　13. Y　14. N　15. N　16. Y　17. Y　18. N　19. N　20. N　21. N
22. Y　23. Y　24. Y　25. Y　26. N　27. Y　28. N　29. N　30. N

3.4.2　选择题

1. C　2. D　3. D　4. A　5. C　6. A　7. B　8. B　9. A　10. A　11. A
12. C　13. C　14. C　15. D　16. B　17. D　18. D　19. B　20. C　21. A
22. B　23. A　24. B　25. C　26. B　27. C　28. C　29. D　30. C　31. A
32. B　33. A　34. D　35. C　36. C　37. B　38. A　39. A　40. A　41. D
42. A　43. A　44. B　45. A　46. D　47. C　48. B　49. C　50. C

3.4.3　填空题

1. 自由软件
2. I/O 设备管理
3. 图形图像软件
4. 虚拟存储
5. Windows XP
6. 文件内容

7. 机器语言　　8. 对象

9. 编译　　10. Pagefile. sys

11. 树型结构　　12. 算法

13. 自举程序　　14. 操作系统

15. 数据　　16. 硬盘存储器

17. 多级层次式（或树状）　　18. 多任务

19. 空间资源　　20. 条件选择结构

21. 中间件　　22. 图形用户界面

23. 算法　　24. 队列

25. 链接表

4　计算机网络与因特网

4.4.1　判断题

1. N　2. Y　3. Y　4. Y　5. Y　6. Y　7. N　8. Y　9. Y　10. N　11. Y
12. Y　13. Y　14. Y　15. N　16. Y　17. N　18. N　19. N　20. Y　21. Y
22. Y　23. Y　24. N　25. N　26. Y　27. Y　28. Y　29. Y　30. N

4.4.2　选择题

1. B　2. C　3. C　4. D　5. A　6. C　7. D　8. A　9. C　10. A　11. C
12. D　13. B　14. B　15. C　16. A　17. A　18. C　19. D　20. D　21. A
22. B　23. A　24. B　25. C　26. A　27. D　28. C　29. B　30. B　31. B
32. A　33. B　34. C　35. C　36. B　37. B　38. A　39. C　40. A　41. B
42. B　43. B　44. C　45. A　46. C　47. C　48. B　49. B　50. C　51. D
52. B　53. D　54. B　55. C　56. C　57. B　58. C　59. C　60. A　61. B
62. C　63. B　64. B　65. C　66. B　67. B　68. B　69. B　70. C　71. D
72. C　73. D　74. B　75. D　76. D　77. C　78. B　79. B　80. D　81. B
82. D　83. B　84. C　85. A　86. C　87. C　88. C　89. B　90. C　91. B
92. D　93. A　94. B　95. A　96. D　97. C　98. B　99. C　100. D　101. C
102. D　103. B　104. C　105. B　106. A　107. D　108. D　109. C　110. A
111. C　112. A　113. C　114. C　115. B　116. D　117. D　118. A　119. C
120. A

4.4.3 填空题

1. Mb/s
2. 数据
3. 帧
4. 50
5. 介质访问(MAC)地址
6. 总线型
7. 对等(peer-to-peer)模式
8. 网络互连
9. @
10. 协议
11. 光纤到家庭
12. 存储转发
13. 交换式
14. 无线通信
15. 蓝牙
16. 调制解调器
17. 双绞线
18. 分组
19. 路由表
20. 电子邮件
21. 网络操作系统
22. 节点
23. 网卡
24. 无线电波
25. 公用网
26. 统一资源定位器
27. 远程登录
28. 子域
29. 网络互连协议
30. C/S(或客户/服务器)
31. B
32. IP 地址
33. 应用
34. netra. nju. edu. cn
35. 32
36. 5
37. 文件
38. 主机号
39. 0
40. 128
41. 域名系统(或 DNS)
42. FTP
43. 身份鉴别
44. MAC
45. 计算机程序
46. 简单邮件传输
47. 主页(或 Homepage)
48. 数据区
49. 路由器(或 router)
50. 4
51. 2
52. 浏览器
53. MSN
54. 广播
55. 隐身
56. 部门
57. 资源
58. 明文
59. 网络
60. 2

5　数字媒体及应用

5.4.1　判断题

1. Y　2. Y　3. N　4. Y　5. N　6. N　7. Y　8. N　9. N　10. Y　11. Y
12. N　13. Y　14. N　15. Y　16. N　17. Y　18. N　19. Y　20. N　21. N
22. Y　23. N　24. Y　25. Y　26. Y　27. Y　28. Y　29. Y　30. Y

5.4.2　选择题

1. B　2. B　3. B　4. D　5. B　6. D　7. D　8. C　9. A　10. C　11. C
12. B　13. C　14. C　15. A　16. C　17. A　18. C　19. A　20. D　21. D
22. C　23. D　24. B　25. B　26. C　27. D　28. B　29. D　30. C　31. A
32. B　33. A　34. A　35. C　36. C　37. B　38. D　39. D　40. B　41. C
42. C　43. D　44. C　45. B　46. C　47. D　48. A　49. A　50. D　51. D
52. A　53. B　54. B　55. C　56. A　57. B　58. C　59. C　60. D　61. B
62. D　63. A　64. B　65. A　66. C　67. D　68. B　69. C　70. B　71. A
72. D　73. B　74. D　75. B　76. A　77. D　78. C　79. C　80. B　81. B
82. D　83. A　84. D　85. B　86. C　87. D　88. C　89. A　90. D　91. B
92. C　93. B　94. B　95. B　96. A　97. D　98. A　99. A　100. B

5.4.3　填空题

1. 视频点播　　　　　　2. 字音
3. 丰富格式　　　　　　4. PDF
5. 取样点　　　　　　　6. 超链
7. 文语转换　　　　　　8. 数字
9. 量化　　　　　　　　10. 全文
11. 像素　　　　　　　 12. 像素深度
13. 768　　　　　　　　14. 2
15. 短　　　　　　　　　16. 2.5MB
17. 1　　　　　　　　　 18. 80
19. 小波分析　　　　　　20. 输入与输出
21. 流　　　　　　　　　22. 数字
23. MPEG-1 层 3　　　　 24. 频率范围
25. 量化位数　　　　　　26. 编码

27. 保真度　　　　　　　　　　28. 8 MB

29. 音乐　　　　　　　　　　　30. 视频

31. 计算机动画　　　　　　　　32. 2^{15}

33. 视频采集卡　　　　　　　　34. RGB

35. USB　　　　　　　　　　　36. MPEG-4

37. 7　　　　　　　　　　　　38. 4∶3

39. MPEG-1　　　　　　　　　40. PC

6　信息系统与数据库

6.4.1　判断题

1. N　2. Y　3. N　4. N　5. Y　6. Y　7. Y　8. Y　9. Y　10. N　11. Y
12. N　13. Y　14. Y　15. N　16. Y　17. Y　18. Y　19. N　20. Y　21. N
22. N　23. N　24. Y　25. Y　26. Y　27. Y　28. N　29. N　30. N　31. N
32. Y　33. Y　34. Y　35. Y　36. N　37. N　38. N　39. Y

6.4.2　选择题

1. C　2. B　3. D　4. B　5. C　6. D　7. C　8. C　9. C　10. C　11. B
12. B　13. A　14. D　15. D　16. B　17. A　18. C　19. D　20. C　21. B
22. A　23. A　24. B　25. C　26. C　27. B　28. D　29. C　30. B　31. A
32. B　33. A　34. C　35. B　36. C　37. C　38. D　39. C　40. C　41. C
42. D　43. D　44. B　45. D　46. D　47. C　48. D　49. B　50. D　51. B
52. C　53. B　54. A　55. B　56. A　57. B　58. A　59. A　60. B　61. C
62. C　63. C　64. D　65. B　66. C　67. C　68. C　69. C　70. D

6.4.3　填空题

1. 数据处理　　　　　　　　　2. 信息服务

3. 数据库管理系统　　　　　　4. 逻辑

5. 3　　　　　　　　　　　　6. CREATE TABLE〈表名〉

7. 概念　　　　　　　　　　　8. SELECT

9. 数据库系统　　　　　　　　10. 关系(或二维表)

11. 资源管理层　　　　　　　　12. 关系模式

13. 备份　　　　　　　　　　　14. 二

15. WHERE　　　　　　　　　16. 数据加密

17. DDL

18. 删除语句

19. 用户自定义完整性

20. INSERT

21. 事务

22. 查询

23. 数据库管理员（或 DBA）

24. 虚表

25. 数据挖掘

26. 电子政务

27. 存储模式

28. 主键

29. 数字图书馆

30. FROM

附录 2　上机操作指导参考答案

7　Word 操作

实验一

1. 选择"文件"菜单下的"页面设置",在对话框中分别设置纸型和页边距;选中正文所有段落,打开"格式"—"段落"—"特殊格式",选择"首行缩进",度量值为"2 字符"。

2. 将光标定位在文章开头,按回车键,在第一行输入标题文字;选中标题文字,选择"格式"—"字体",设置字体、字号、颜色,选择"格式"—"段落",设置对齐方式为"居中",选择"格式"—"边框和底纹"—"底纹",在"填充"中选择"第一行第六列",即"灰色—20%"。

3. 将光标定位在第一段,选择"格式"—"首字下沉",设置下沉 3 行,选择字体。

4. 选中第三段,选择"编辑"—"替换"。

5. 光标定位于正文第四段,选择"插入"—"图片"—"来自文件",在对话框中选择该图片;点击"插入"后选中正文中出现的该图片,单击鼠标右键选择"设置图片格式",在"大小"中设置高度和宽度,在"版式"中选择"环绕方式"为"四周型"。

6. 选中第七段,打开"格式"—"分栏",在对话框中选择两栏,在分隔线前的小方框中打"√"。

7. 选择"格式"—"边框和底纹"—"页面边框"。

8. 光标定位于正文最后一段,选择"插入"—"图片"—"艺术字",再选择所需的样式,点击"确定"后输入文字,设置文字的字体、字号等;点击"确定"后选中正文中出现的该图片,单击鼠标右键选择"设置艺术字格式",在"版式"中选择"环绕方式"为"四周型"。

9. 选择"文件"—"另存为",在对话框中选择保存的位置 ks_answer 文件夹,文件名 DONE1,选择保存类型为. rtf。

实验二

1. 将光标定位在文章开头，按回车键，在第一行输入标题文字；选中标题文字，选择"格式"—"字体"，设置字体、字号、颜色、着重号等，选择"格式"—"段落"，设置对齐方式为"居中"。

2. 选择"格式"—"边框和底纹"—"页面边框"，设置其颜色和宽度。

3. 将光标定位在第一段，选择"格式"—"首字下沉"，设置下沉 2 行，选择字体。

4. 选中正文除第一段外所有段落，打开"格式"—"段落"—"特殊格式"，选择"首行缩进"，度量值为"2 字符"。

5. 选择"视图"—"页眉页脚"，分别在页眉、页脚处输入文字；选中文字，选择"格式"—"字体"，设置字号，选择"格式"—"段落"，设置对齐方式。

6. 光标定位于正文第五段，选择"插入"—"图片"—"来自文件"，在对话框中选择该图片；点击"插入"后选中正文中出现的该图片，单击鼠标右键选择"设置图片格式"，在"大小"中设置高度和宽度，在"版式"中选择"环绕方式"为"四周型"。

7. 光标定位于正文第七段，选择"插入"—"图片"—"自选图形"，再选择"云形标注"，输入文字并设置文字的字体、字号和字形；选中正文中出现的该图片，单击鼠标右键选择"设置自选图形格式"，在"版式"中选择"环绕方式"为"四周型"。

8. 选中正文最后一段（注意：不要选中回车符），打开"格式"—"分栏"，在对话框中选择两栏，在分隔线前的小方框中打"√"。

9. 选择"文件"—"另存为"，在对话框中选择保存的位置 ks_answer 文件夹，文件名 DONE2，选择保存类型为.rtf。

实验三

1. 将光标定位在文章开头，按回车键，在第一行输入标题文字；选中标题文字，选择"格式"—"字体"，设置字体、字形、字号、颜色并加着重号，选择"格式"—"段落"，设置对齐方式为"居中"。

2. 选择"文件"菜单下的"页面设置"，在对话框中分别设置"纸张"、"页边距"及"文档网格"，其中，在"文档网格"中选择"指定行和字符网格"，然后设置每页行数和每行字数。

3. 将光标定位在第一段，选择"格式"—"首字下沉"，设置下沉 2 行，选择字体；选中正文其余段落，打开"格式"—"段落"—"特殊格式"，选择"首行缩进"，度量值为"2 字符"。

4. 选中正文第四段，选择"格式"—"边框和底纹"，在"边框"—"方框"中，设置其颜色和宽度；在"底纹"—"填充"中选择"灰色－20％"。

5. 选择"视图"—"页眉页脚",在页眉处输入文字;选中文字,选择"格式"—"字体"设置字号,选择"格式"—"段落"设置对齐方式。

6. 光标定位于正文第三段,选择"插入"—"图片"—"来自文件",在对话框中选择该图片;点击"插入"后选中正文中出现的该图片,单击鼠标右键选择"设置图片格式",在"大小"中设置高度和宽度,在"版式"中选择"环绕方式"为"四周型"。

7. 将光标定位于正文第一段,选择"插入"—"图片"—"艺术字",再选择"第五行第六列"的样式,点击"确定"后输入文字,设置文字的字体、字号;点击"确定"后选中正文中出现的该图片,单击鼠标右键选择"设置艺术字格式",在"版式"中选择"环绕方式"为"紧密型"。

8. 选中正文最后一段(注意:不要选中回车符),打开"格式"—"分栏",在对话框中选择两栏,在分隔线前的小方框中打"√"。

9. 选择"文件"—"另存为",在对话框中选择保存的位置 ks_answer 文件夹,文件名 DONE3,选择保存类型为. rtf。

8　Excel 操作

实验一

1. 将光标定位在 B13 单元格,选择"插入"菜单下的"函数",在"选择函数"对话框中选择 AVERAGE,单击"确定"后选择求平均值的区域 B3:B12(或在 Number1 中输入 B3:B12),单击"确定"即可求出年人均生活用煤炭量;选定 B13,将光标移动到该单元格的右下角,当光标变成小"十"形状时按住鼠标左键向右拖动至 G13 处松开;在 A13 单元格中输入"平均值",选中 A13:G13,单击鼠标右键选择"设置单元格格式",在弹出的对话框中选择"对齐",在"水平对齐"上设置为"居中"。

2. 选择 G2:G12 单元格区域,选择"插入"—"图表",弹出"图表向导步骤一"对话框,选择"标准类型"的"折线图",子图表类型为"数据点折线图";单击"下一步",选择"系列产生"为"列",选择"系列"标签,"分类(X)轴标志"选择 A3:A12;单击"下一步",在"图表选项"—"图表标题"中输入标题文字"人均使用煤气能源情况",在"分类(X)轴"中输入"年份";单击"下一步",单击"完成"即可。

3. 选中工作表中 A2:G13 单元格区域,单击鼠标右键选择"设置单元格格式",选择"边框",先选择"褐色"、"双线",然后单击"外边框"按钮,选择"青色"、"细实线",单击"内部"按钮,单击"确定";选择 A2:G2 单元格区域,单击鼠标右键选择"设置单元格格式",选择"边框",先选择"黄色"、"最粗实线",然后单击"上边框"按钮。

4. 选择工作表的标题单元格,单击鼠标右键选择"设置单元格格式",选择"字体"设置为"黑体、加粗、20磅";选定表格其他行,将字体设为"楷体、加粗、12磅"。

5. 选择"文件"—"另存为",在对话框中选择保存的位置 ks_answer 文件夹,文件名 EX1,选择保存类型为. xls。

实验二

1. 光标定位于 A1 单元格,输入标题"公司生产统计表",选中 A1:F1 单元格,单击鼠标右键,选择"设置单元格格式",选择"对齐",在"合并单元格"前面的方框内打"√",选择"水平居中"对齐方式;选择"字体",设置为"黑体、加粗、20磅"。

2. 将光标定位在 F2 单元格,输入文本"年平均";将光标定位在 F3 单元格,选择"插入"菜单下的"函数",在"选择函数"对话框中选择 AVERAGE,单击"确定"后选择求平均值的区域 B3:E3,单击"确定"即可求得一车间的平均生产量;选定 F3 单元格,将光标移动到该单元格的右下角,当光标变成小"十"形状时按住鼠标左键向下拖动至 F8 处松开,可求得各车间的平均生产量;选中 F3:F8 单元格区域,单击鼠标右键,选择"设置单元格格式",选择"数字",在分类里选择"数值",在右侧文本框设置小数位数为"2"。

3. 选中工作表中 A2:F8 单元格区域,单击鼠标右键选择"设置单元格格式",选择"边框",先选择"蓝色"、"最粗实线",然后单击"外边框"按钮;选择"对齐",分别在"水平对齐"和"垂直对齐"上均设置为"居中"。

4. 选择 A2:A8,按住 Ctrl 键选中 F2:F8 单元格区域,选择"插入"—"图表",弹出"图表向导步骤一"对话框,选择"标准类型"的"饼图",子图表类型为"三维饼图";单击"下一步",选择"系列产生"为"列";单击"下一步",在"图表选项"—"图表标题"中输入标题文字"各车间年平均产量";单击"下一步",选择"作为其中的对象插入",单击"完成"即可。

5. 将光标移动到 Sheet2 标签处,单击鼠标右键,在快捷菜单中选择"重命名"。

6. 选择"文件"—"另存为",在对话框中选择保存的位置 ks_answer 文件夹,文件名 EX2,选择保存类型为. xls。

实验三

1. 打开"统计指标. doc",选择整个表格,单击鼠标右键选择"复制";打开工作簿 EX3. xls,选择"统计指标"工作表,将光标定位于 A2 单元格,单击鼠标右键选择"粘贴";光标定位于 A1 单元格,输入标题文本"国民经济和社会发展主要统计指标",选中 A1:E1 单元格,单击鼠标右键,选择"设置单元格格式",选择"对齐",在"水平对齐"选择"跨列居中",选择"字体",设置为"宋体"、"加粗"、"12号"、"红色"。

2. 选中工作表中 E2 单元格区域,输入文本"增长率";将光标定位在 E3 单元格,在公式编辑栏中输入公式"=(D3-C3)/C3",按"回车键";选定 E3,将光标移动到该单元格的右下角,当光标变成小"十"形状时按住鼠标左键向下拖动至 E13 处松开,可求得每项指标的增长率;选中 E3:E13 单元格区域,单击鼠标右键选择"设置单元格格式",选择"数字",在分类里选择"百分比",在右侧文本框设置小数位数为"2"。

3. 选择 A2:E13 单元格区域,单击鼠标右键选择"设置单元格格式",选择"图案",单击"无颜色",单击"确定";选择 A2:E13 单元格区域,选择"数据"菜单中"排序"子菜单,在"主要关键字"中选择"增长率",单击"降序"按钮,单击"确定"。

4. 选择 A2:A13,按住 Ctrl 键选中 E2:E13 单元格区域,选择"插入"—"图表",弹出"图表向导步骤一"对话框,选择"标准类型"的"柱形图",子图表类型为"簇状柱状图";单击"下一步",选择"系列产生"为"列";单击"下一步",在"图表选项"—"图表标题"中输入标题文字"2000—2002 年增长率",单击"图例"选项卡,将"显示图例"前的复选框中的"√"去掉,单击"数据标志"选项卡,选择"数据标签包括"的"值";单击"下一步",选择"作为其中的对象插入",单击"完成"即可。

5. 选择"文件"—"另存为",在对话框中选择保存的位置 ks_answer 文件夹,文件名 EX3,选择保存类型为.xls。

9　编辑文稿综合操作

实验一

1. 选择"插入"—"图片"—"艺术字",选择所需的格式,点击"确定"后输入文字"苏州市能源结构变化情况",设置文字的字体为黑体,字号为 32;点击"确定"后选中正文中出现的该艺术字,将其移动到指定位置,单击鼠标右键选择"设置艺术字格式"—"版式",选择"环绕方式"为"嵌入型"。

2. 选择"编辑"—"替换",在"查找内容"框中输入"能源消费结构",在"替换为"框中输入"能源消费结构",并设置为红色、加着重号,然后按"全部替换"按钮。

3. 将光标定位在第一段,选择"格式"—"首字下沉",设置下沉的行数和字体。

4. 同时选中除第一段以外的其余各段,选择"格式"—"段落"—"缩进和间距",设置首行缩进和段间距。

5. 光标定位于正文第二段,选择"插入"—"图片"—"来自文件",在对话框中选择该图片;点击"插入"后选中正文中出现的该图片,单击鼠标右键选择"设置图片格式",在"大小"中设置缩放为 50%,在"版式"中选择"环绕方式"为"四周型"。

6. 选择"视图"—"页眉页脚",在页眉处输入文字"苏州市能源消费结构变化";选中文字,选择"格式"—"字体",设置字号为小四,字形为加粗,选择"格式"—"段落",设置"对齐方式"为"居中"。

7. 将光标定位在正文第八段,选择"格式"—"边框和底纹",给段落加上 1.5 磅带阴影的蓝色边框、灰色－15％的底纹。

8. 选择正文最后一段,打开"格式"—"分栏",在对话框中选择两栏,在分隔线前的小方框中打"√"。

9. (1) 打开 Excel,将光标定位于 A1 单元格,选择"文件"—"打开",在弹出的对话框中选择"文件类型"为"所有文件",选择"年份比重表. dbf",在 Excel 中打开该文件。

(2) 选择"年份比重表"工作表标签,按住 Ctrl 键拖动,产生一个副本,在副本标签上单击鼠标右键选择"重命名";将光标定位到 H1 单元格,输入文本"平均比重值",将光标定位在 H2 单元格,选择"插入"菜单下的"函数",在"选择函数"对话框中选择 AVERAGE,点击"确定"后选择求平均值的区域 B2:G2,点击"确定"即可求出原煤平均比重;同理可求得电力平均比重。

(3) 选择 A1:G3 单元格区域,选择"插入"—"图表",弹出"图表向导步骤一"对话框,选择"标准类型"的"折线图",子图表类型为"数据点折线";单击"下一步",再单击"下一步",在"图表选项"对话框下选择"标题",在"图表标题"中输入标题文字"苏州能源消费比重图",在"分类(X)轴"输入"年份",在"数值(Y)轴"输入"比重",单击"数据标志"选项卡,选择"数据标签包括"的"值",单击"下一步",单击"完成"即可出现所需的图表;在图表的"数值、图例、分类(X)轴、数值(Y)轴"等处单击鼠标右键设置格式,选择"字体"设置字号为 12。

(4) 选定图表,单击鼠标右键选择"复制",打开 Word 文档,将光标定位到合适位置,选择"编辑"—"选择性粘贴",选择"增强型图元文件",点击"确定"即可。

(5) 在 Excel 窗口中选择"文件"—"另存为",在对话框中选择保存的位置 Text1 文件夹,文件名 EX1,选择保存类型为. xls。关闭 Excel。

10. 在 Word 中选择"文件"—"保存"。

实验二

1. 选择"插入"—"文本框"—"竖排",再输入文字"中国移动通讯集团公司",并将文字设置为华文彩云、蓝色、小一号字,然后参照样张将文本框移动到指定位置。

2. 选中文本框,单击鼠标右键选择"设置文本框格式",在"填充"—"颜色"中选择浅黄色,在"颜色与线条"中设置文本框为 2.5 磅、红色、方点边框,在"版式"中选择"环绕方式"为"四周型"。

3. 将光标定位在第一段,选择"格式"—"首字下沉",设置下沉的行数和字体;

选中除第一段以外的其余各段,选择"格式"—"段落"—"缩进和间距",设置首行缩进。

4. 光标定位于正文第三段,选择"插入"—"图片"—"来自文件",在对话框中选择该图片;单击"插入"后选中正文中出现的该图片,单击鼠标右键选择"设置图片格式",在"大小"中设置大小,在"版式"中选择"环绕方式"为"四周型"。

5. 选择"编辑"—"替换",在"查找内容"框中输入"中国移动",在"替换为"框中输入"中国移动",并设置为粗体、红色并加着重号,然后按"全部替换"按钮。

6. 选择"视图"—"页眉页脚",在出现的"页眉和页脚"工具栏中选择"页面设置"按钮,然后选择"页面设置"—"版式",在"奇偶页不同"前的小方框中打"√",单击"确定"后,在奇数页页眉处输入文字"中国移动",选中文字,设置"对齐方式"为"居中对齐",在偶数页页眉处输入文字"中国电信",选中文字,设置"对齐方式"为"居中对齐"。

7. 选择正文第四、五两段,打开"格式"—"分栏",在对话框中选择两栏。

8. 将光标定位在正文最后一段,选择"格式"—"边框和底纹",在"边框"—"方框",给段落加上 1 磅蓝色边框,在"底纹"中选择鲜绿色底纹,注意所作设置"应用于段落"。

9. (1) 打开 Excel,将光标定位于 A1 单元格,选择"文件"—"打开",在弹出的对话框中选择"文件类型"为"所有文件",选择"表 1. dbf",在 Excel 中打开该文件;在工作表标签上单击鼠标右键,选择"重命名"将其改为"用户统计"。

(2) 在"用户统计"工作表中,选定 D1 单元格,输入标题文本"误差估计";将光标定位到 D2 单元格,在公式编辑栏输入"＝B2－C2",按"回车键";将光标移动到该单元格的右下角,当光标变成小"十"形状时按住鼠标左键向下拖动至 D12 处松开,可求得所有估计误差。

(3) 在"用户统计"工作表中,选中标题行,单击鼠标右键,选择"设置单元格格式",选择"字体",设置为"宋体、字号 14、加粗、倾斜",选择"图案"—"黄色底纹";选择工作表有内容的区域,选择"格式"—"列"—"列宽",在弹出的对话框中输入"12";选中 D2:D12 单元格区域,单击鼠标右键,选择"设置单元格格式",选择"数字",在"分类"里选择"数值",在右侧文本框设置小数位数为"2";选中工作表中有内容的单元格区域,单击鼠标右键选择"设置单元格格式",选择"边框",先选择"细实线",然后分别单击"外边框"、"内部"按钮。

(4) 选定工作表 A1:D12 单元格区域,单击鼠标右键选择"复制",打开 Word 文档,将光标定位到文档最后,选择"编辑"—"选择性粘贴",选择"增强型图元文件",单击"确定"即可。

(5) 在 Excel 窗口中选择"文件"—"另存为",在对话框中选择保存的位置 Text2 文件夹,文件名 EX2,选择保存类型为. xls。关闭 Excel。

10. 在 Word 中选择"文件"—"保存"。

实验三

1. 将光标定位在文章开头,按"回车键",在第一行输入标题文字;选中文字,选择"格式"—"字体",设置字体、字形、字号、颜色和加着重号,选择"格式"—"段落",设置对齐方式为"居中",选择"格式"—"边框和底纹"—"底纹",在"填充"中选择灰色—20%。

2. 选择"文件"菜单下的"页面设置",在"纸张"和"页边距"中分别设置纸型和页边距,在"文档网格"中设置每页 42 行,每行 40 个字符。

3. 将光标定位在第一段,选择"格式"—"首字下沉",设置下沉的行数和字体;选中正文其余段落,打开"格式"—"段落"—"特殊格式",选择"首行缩进"并填写上"2 字符"。

4. 选中正文第四段,选择"编辑"—"替换",在"查找内容"框中输入"英特尔",在"替换为"框中输入"Intel"。

5. 选择"视图"—"页眉页脚",在页眉处输入文字"P4 降价分析",选中文字,利用格式工具栏设置字号和对齐方式。

6. 光标定位于正文第三段、第四段之间,选择"插入"—"图片"—"来自文件",在对话框中选择该图片;点击"插入"后选中正文中出现的该图片,单击鼠标右键选择"设置图片格式",在"大小"中设置大小,在"版式"中选择"环绕方式"为"四周型"。

7. 选择"插入"—"图片"—"艺术字",选择所需的样式,点击"确定"后输入文字"P4 降价了!",设置文字的字体为黑体,字号为 40;点击"确定"后选中正文中出现的该艺术字,将其移动到指定位置,单击鼠标右键选择"设置艺术字格式"—"版式",选择"环绕方式"为"紧密型"。

8. 选中正文最后一段,打开"格式"—"分栏",在对话框中选择两栏,在分隔线前的小方框中打"√"。

9. (1) 打开"价格对照表. doc",复制整个表格,然后打开 Excel,将光标定位于 A1 单元格,单击鼠标右键选择"粘贴",在工作表标签上单击鼠标右键,选择"重命名",命名为"价格对照表"。

(2) 将光标定位到 A4 单元格,输入"跌幅(%)";然后将光标定位在 B4 单元格,在公式编辑栏输入"=(B2-B3)/B2",按"回车键";将光标移动到该单元格的右下角,当光标变成小"十"形状时按住鼠标左键向右拖动至 I4 单元格处松开;最后同时选定 B4:I4,单击鼠标右键选择"设置单元格格式"—"数字",设置其格式为带两位小数点的百分比样式。

(3) 选择 A1:I3 单元格区域,选择"插入"—"图表",弹出"图表向导步骤一"对话框,选择"簇状柱形图";单击"下一步",在"数据区域"中选择系列产生在行上,在"系列"中将"核心频率(GHz)"删除,在"分类(X)轴标志"中选择 B1:I1;单击"下一步","图表标题"设置为"价格对照";单击"下一步",单击"完成"。

(4)选定图表,单击鼠标右键选择"复制",打开 Word 文档,将光标定位到文档最后,选择"编辑"—"选择性粘贴",选择"增强型图元文件",点击"确定"即可。

(5)在 Excel 窗口中选择"文件"—"另存为",在对话框中选择保存的位置 Text3 文件夹,文件名 EX3,选择保存类型为. xls。关闭 Excel。

10. 在 Word 中选择"文件"—"保存"。

实验四

1. 选择菜单"文件"—"页面设置",在"页边距"和"纸张"中分别设置页边距和纸型,在"文档网格"中选择"指定行和字符网格"设置每页行数和每行字符数。

2. 将光标定位在文章开头,按"回车键",在上一行输入标题;选中标题文字,选择"格式"—"字体",设置字体、字号和颜色,选择"格式"—"段落",设置"对齐方式"为"居中"。

3. 将光标定位在第一段,选择"格式"—"首字下沉",设置下沉行数;选中正文其余各段,选择"格式"—"段落"—"特殊格式",选择"首行缩进"并填写上"2字符"。

4. 选中正文第一段中的"IBM",在菜单中选择"插入"—"引用"—"脚注和尾注","编号格式"选择"，，…",起始编号选为 1,在"应用更改"中选择"整篇文档",单击"插入",然后在正文下方出现的脚注编号右侧输入"International Business Machine"。

5. 选择"插入"—"图片"—"艺术字",选择所需的样式,单击"确定"后输入文字"服务质量",设置字体为华文新魏,字号为 40;单击"确定"后选中正文中出现的该艺术字,将其移到指定位置,单击鼠标右键选择"设置艺术字格式"—"版式",选择为"四周型";在艺术字工具栏上选择"艺术字形状",并单击"朝鲜鼓"形状按钮。

6. 选中正文第六段,选择"格式"—"边框和底纹",点击"边框"选项卡,选择"方框"—"颜色为红色"—"应用于段落",选择"阴影"—"应用于段落";点击"底纹"选项卡,选择"填充为浅黄色"—"应用于段落"。

7. 在正文第八段任意位置单击一下,选择"插入"—"图片"—"来自文件",在文件夹中单击文件名为 service. jpg 图片文件;点击"插入"后选中正文中出现的该图片,单击鼠标右键选择"设置图片格式",在"大小"中将"锁定纵横比"前的"√"去掉,在"尺寸和旋转"中选择高度为 3 cm,宽度为 4 cm,在"版式"中选择环绕方式为"四周型"。

8. 选中正文最后一段(注意最后的回车符不能选中),选择"格式"—"分栏",

选择"两栏",分隔线前单击出现"√"。

9. (1) 打开 Excel 表,选择"数据"—"导入外部数据"—"导入数据",选择文件夹中的"电信测速"文本文件,单击"打开"按钮,在"文本导入向导-3 步骤之 1"中选择"最合适的文件类型为'分隔符号'",单击"下一步"按钮,在"文本导入向导-3 步骤之 2"中选择"分隔符号为'空格'",单击"完成"按钮,在出现的"导入数据"对话框中数据的放置位置为第二行第一列,单击"确定"按钮;在工作表标签处单击鼠标右键,选择"重命名",命名为"电信测速"。

(2) 在 D2 单元格输入"下载速度排名";选择 D3,选择"插入"—"函数",选择"RANK",在出现的"函数参数"对话框中,"Number"选择 C3,"Ref"选择 C＄3：C＄12,"Order"忽略,单击"确定"按钮;然后利用填充柄,将 D4：D12 都填上。

(3) 在 A1 单元格输入"江苏电信出口到省内外知名站点的网络性能",选择 A1：D1,选择"格式"—"单元格"—"对齐",在"水平对齐"中选择"跨列居中"。

(4) 选择 A2：B12,选择"插入"—"图表",在"图表向导-4 步骤之 1-图表类型"对话框中选择图表类型为"柱形图",子图表类型为"簇状柱型图";单击"下一步"按钮,在"图表向导-4 步骤之 2-图表源数据"中选择系列产生在行;单击"下一步"按钮,在"图表向导-4 步骤之 3-图表选项"中,在"标题"选项卡下"图表标题"中填"各网站响应时间",在"数据标志"选项卡下"数据标签包括"的"值"前方框中打"√";单击"下一步",选择"作为其中的对象插入",单击"完成"按钮。

(5) 复制该图表,在 Word 文档中将光标定位到文档最后,选择"编辑"—"选择性粘贴",在"选择性粘贴"对话框中"粘贴"选择为"增强型图元文件",单击"确定"按钮。

(6) 在 Excel 窗口中选择"文件"—"另存为",在对话框中选择保存的位置 Text4 文件夹,文件名 EX4,选择保存类型为.xls。关闭 Excel。

10. 在 Word 中选择"文件"—"保存"。

实验五

1. 执行"文件—页面设置"命令,打开"页面设置"对话框,在对话框中将页面设置为 A4 纸,上、下页边距为 3.5 厘米,左、右页边距为 2.5 厘米,每页 39 行,每行 39 个字符。

2. 光标定位在第一段首,按"回车键",在第一行中输入标题"交通安全";选中标题文字,执行"格式—字体",打开"字体"对话框,将标题设置为华文新魏、二号字、字符缩放 120％,然后执行"格式—段落",打开"段落"对话框,将标题设置为居中对齐。

3. 执行"文件—页面设置",在对话框中选择"版式"选择卡中的"奇偶页不同";执行"视图—页眉和页脚",在奇数页页眉中输入"交通安全",在偶数页页眉中输入"珍惜生命",均设置为左对齐。

4. 光标定位于正文第一段,执行"格式—首字下沉",设置下沉 2 行,字体为宋体;然后选中其余各段,执行"格式—段落",设置首行缩进 2 个字符。

5. 选中正文第三段,执行"格式—边框和底纹",打开"边框和底纹"对话框,在"边框"选项卡中,设置绿色 1.5 磅阴影边框,然后选择"底纹"选项卡,设置"图案"为 12.5％的橘黄色底纹。

6. 将光标定位于第七段中,执行"插入—图片—艺术字",打开"艺术字库"对话框,选择"第四行第四列"样式,在"编辑'艺术字'文字"对话框中输入"普及交通安全教育",并设置字号为 32;艺术字插入到第七段后,点击艺术字,打开"艺术字"工具栏,按下"艺术字形状"按钮,选择"正 V 型",然后按下"文字环绕"按钮,选择环绕方式为"紧密型"。

7. 执行"插入—图片—来自文件",将文件夹中的 p1. jpg 插入到文档中;在图片上单击鼠标右键选择"设置图片格式",将图片的宽度、高度缩放为 60％,环绕方式设置为"四周型",然后参考样张,将图片移动到合适的位置。

8. 执行"编辑—替换",打开"查找与替换"对话框,在"查找内容"栏中输入"生命",在"替换为"栏中输入"生命",然后单击"高级"按钮,光标定位在"替换为"中,按"格式"按钮选择"字体"选项,在弹出的"字体"对话框中,设置字体为隶书、倾斜、小四号字、褐色,然后单击"确定"按钮返回"查找与替换"对话框,最后单击"全部替换"按钮。

9. 首先打开文件夹中的 table. doc 文件,然后启动 Excel 应用程序。

(1) 选中 table. doc 中的表格并复制,然后切换到 Excel 工作表 Sheet1 中,将光标定位在 A2 单元格并粘贴;双击工作表标签,输入"交通伤亡情况"。

(2) 将光标定位在 A1 单元格,输入"交通伤亡情况",并设置字体为黑体,字号为 24,然后选择 A1 到 E1 单元格,对其合并及居中。

(3) 在 E3 单元格中输入"=C3+D3",按"回车键"求出江苏省的伤亡合计,然后按住 E3 的填充柄向下拉,求出其余各省的伤亡合计;在 F3 单元格中输入"=E3/SUM(E3:E12)",按"回车键"求出江苏省伤亡人数占十省伤亡总人数的比例,然后执行"格式—单元格",在"单元格格式"对话框的"数字"选项卡中设置百分比为 2 位小数。

(4) 选中 B2:D12 单元格,单击"图表向导",制作"簇状柱形图",数据系列产生在列,图表标题为"各省伤亡情况",生成的图表嵌入到工作表"交通伤亡情况"中。

(5) 选中所生成的图表,复制;然后回到 Word 窗口,将光标定位在文档的最后,执行"编辑—选择性粘贴",在打开的对话框中选择"增强型图元文件"。

(6) 在 Excel 窗口中选择"文件"—"另存为",在对话框中选择保存的位置 Text5 文件夹,文件名 EX5,选择保存类型为. xls。关闭 Excel。

10. 在 Word 中选择"文件"—"保存"。

实验六

1. 打开 read. txt,选中全部内容,单击鼠标右键选择"复制";打开 ED6. rtf,将光标置于文档最后一段,单击鼠标右键,选择"粘贴"。

2. 将光标定位于第一段首,按"回车键",在第一行输入"笔记本选购需避免的误区";选中该内容,选择"格式"菜单下的"字体"选项,在出现的对话框的"字体"选项卡设置字体格式为黑体、小二号、蓝色,然后选择"格式"菜单下的"段落"选项,在出现的对话框的"缩进和间距"选项卡中设置段后间距为 0.5 行,最后单击"格式"工具栏的"居中"按钮。

3. 选中标题段落,选择"格式"菜单的"边框和底纹"选项,设置 1.5 磅蓝色边框,淡黄色底纹。

4. 选择"编辑"菜单下的"替换"选项,在打开的对话框的第一个文本框输入"效能",第二个文本框也输入"效能",注意将光标放在第二个文本框,点击"高级"按钮,然后选择"格式",接着选择"字体",在打开的对话框中设置字体格式为粗体、红色并加着重号,点击"确定",然后回到"替换"对话框,选择"全部替换"或"替换"。

5. 光标放置在第一段,选择"格式"下的"首字下沉",设置下沉为 2 行;选中该字,打开"格式"中"字体",进行楷体、加粗、蓝色设置,打开"格式"中"边框和底纹"进行 1.5 磅红色边框设置;选中其余各段,打开"格式"中"段落"进行首行缩进,度量值为 2 字符,段前、段后间距为 0.5 行的设置。

6. 选择"文件"下的"页面设置",在打开的对话框中选择"版式"选项卡,选择其中的页眉页脚"奇偶页不同";选择"视图"下的"页眉和页脚",分别设置奇数页页眉为"电子产品",偶数页页眉为"笔记本选购",且注意均居中显示。

7. 参考样张,在第一段相应位置单击鼠标左键选择插入点,然后选择"插入"下的"图片","图片"下的"来自文件",选择 pic1. jpg,然后点击"插入";右击图片,在快捷菜单中选择"设置图片格式",然后设置图片的宽度、高度缩放均为 80%,环绕方式为四周型。

8. 选中第三段,选择"格式"中的"分栏",进行相关设置。

9. (1) 打开 EX1. xls,选中 A1 单元格,输入标题"十大热门笔记本",同时选中 A1 到 D1,单击"合并及居中"工具栏按钮;选中合并后单元格,选择"格式"下的"单元格",在"字体"和"对齐"选项卡中设置字体格式为楷体、加粗、20 磅、垂直居中。

(2) 选中 A1 到 D12 区域,选择"编辑"下的"复制",左键选择工作表"Sheet2",左键选择 A1 单元格,点右键选择"粘贴";双击"Sheet2",给工作表重命名为"热门笔记本关注汇总表";分类汇总前要先排序,选中 A2 到 D12 区域,选择"数据"下的

"排序",按"笔记本名称排序",然后选择"数据"下的"分类汇总",注意以"今日关注度"作为"选顶汇总项"。

（3）打开"笔记本排行"工作表,选中相关数据,选择"图表向导",选择"数据点折线图",数据产生在列,图表标题为"十大笔记本价格比较",不选择图例。

（4）选中所生成的图表,复制;再将光标放置到 Word 文档尾部,选择"编辑"中的"选择性粘贴",在打开的对话框中选择"增强型图元文件",然后点击"确定"。

（5）在 Excel 窗口中选择"文件"—"另存为",在对话框中选择保存的位置 Text6 文件夹,文件名 EX6,选择保存类型为. xls。关闭 Excel。

10. 在 Word 中选择"文件"—"保存"。

实验七

1. 执行"文件—页面设置"命令,打开"页面设置"对话框,在对话框中将页面设置为 A4 纸,上、下页边距为 2.8 厘米,左、右页边距为 3 厘米,每页 45 行,每行 42 个字符。

2. 光标定位在正文第一段首,按"回车键",在第一行输入标题"精细化管理";选中该内容,执行"格式—字体",打开"字体"对话框,将标题设置为华文新魏、二号字、字符缩放为 120%,执行"格式—段落",打开"段落"对话框,将标题设置为"居中对齐";换行输入副标题"——中国企业的必由之路",选中该内容,执行"格式—字体",打开"字体"对话框,将副标题设置为四号字,然后执行"格式—段落",在"特殊格式"中设置首行缩进 15 个字符。

3. 执行"文件—页面设置",在对话框中选择"版式"选择卡中的"奇偶页不同";执行"视图—页眉和页脚",在奇数页页眉中输入"精细化管理",偶数页页眉中输入"中国企业的必由之路",均设置为居中对齐;将光标定位到页脚中,在"页眉与页脚"对话框中选择"插入'自动图文集'"按钮,插入"第 X 页 共 Y 页",并设置为居中对齐。

4. 将光标定位于正文第一段中,执行"格式—首字下沉",设置下沉 2 行,字体为楷体;然后选中其余各段,执行"格式—段落",设置首行缩进 2 个字符。

5. 执行"编辑—替换",打开"查找与替换"对话框,在"查找内容"栏中输入"精细化",在"替换为"栏中输入"精细化",然后单击"高级"按钮,光标定位在"替换为"中,按"格式"按钮选择"字体"选项,在弹出的"替换字体"对话框中,设置字体为红色、加粗,在"文字效果"标签中选择"七彩霓虹"的文字动态效果,然后单击"确定"按钮返回"查找与替换"对话框,最后单击"全部替换"按钮。

6. 将光标定位于第二段中,执行"插入—图片—艺术字",打开"艺术字库"对话框,选择"第三行第一列"样式,在"编辑'艺术字'文字"对话框中输入"中国需要精细化管理",设置其字体格式为黑体、加粗,字号为 36。艺术字插入第二段后,点击艺术字,打开"艺术字"工具栏,然后按下"文字环绕"按钮,选择环绕方式为"紧密型"。

7. 执行"插入—图片—来自文件",将文件夹 Text7 中的 book.jpg 插入到文档中,在图片上单击鼠标右键选择"设置图片格式",将图片的宽度、高度分别设置为 6 厘米和 4.5 厘米,环绕方式设置为"四周型",然后参考样张,将图片移动到合适的位置。

8. 将光标移动到最后一段的开始位置,按退格键将文章的最后两段合并;选中合并后的段落,执行"格式—分栏",打开"分栏"对话框,将最后一段分成等宽两栏,选中分隔线选项,点击"确定"完成分栏操作。

9. 首先打开 Text7 文件夹中的 GDP.doc 文件,然后启动 Excel 应用程序。

(1) 选中 GDP.doc 中的表格并复制,然后切换到 Excel 工作表中,将光标定位在 A2 单元格点击鼠标右键选择"粘贴";双击工作表标签,输入"世界年 GDP 增长率"。

(2) 将光标定位在 A1 单元格,输入"世界年 GDP 增长率",并设置字体格式为楷体、蓝色,字号为 20,然后选择 A1 到 H1 单元格,点击工具栏上"合并及居中"按钮。

(3) 在"世界年 GDP 增长率"工作表的 A23 单元格中输入"全球 GDP 增长率",在 B23 单元格中输入"=SUM(B2:B22)",按"回车键",然后按住 B23 的填充柄向右拉,求出其余的值;执行"格式—单元格",在"单元格格式"对话框的"数字"选项卡中设置"数值"为 2 位小数。

(4) 选择 B23:H23 单元格的数据,单击"图表向导",制作"数据点折线图",数据系列产生在行,分类(X)轴标志选择 B2:H2 单元格区域,图表标题为"全球平均GDP 增长率",生成的图表嵌入到当前工作表中。

(5) 选中所生成的图表,复制;然后回到 Word 窗口,将光标定位在文档的最后,执行"编辑—选择性粘贴",在打开的对话框中选择"增强型图元文件"。

(6) 在 Excel 窗口中选择"文件"—"另存为",在对话框中选择保存的位置Text7 文件夹,文件名 EX7,选择保存类型为 .xls。关闭 Excel。

10. 在 Word 中选择"文件"—"保存"。

实验八

1. 执行"视图—工具栏—绘图—自选图形—星与旗帜—横卷形",放在适当位置;选中该图形,单击鼠标右键选择"添加文字",输入"奥林匹克运动会";选中文字,执行"格式—字体",将其设置为楷体、红色、二号字、加粗,执行"格式—段落",将其设置为"居中";在横卷形上单击鼠标右键选择"设置自选图形格式",在"版式"页面上选择"高级"—"上下型"。

2. 执行"文件—页面设置—纸张—纸张大小—A4",执行"文件—页面设置—页边距—上、下、左、右均为 2 厘米"。

3. 将光标定位在正文第一段,执行"格式—首字下沉",设置下沉 2 行,字体格式为楷体、绿色;选中其余各段,执行"格式—段落—缩紧和间距—缩进—特殊格式—首行缩进",设置"度量值"为 2 字符。

4. 执行"编辑—替换",打开"查找与替换"对话框,在"查找内容"栏中输入"奥运会",在"替换为"栏中输入"Olympic Games",然后单击"高级"按钮,光标定位在"替换为"中,按"格式—字体",设置西文字体和颜色。

5. 选中最后一段文字,执行"格式—分栏",在对话框中选择两栏,间距为 3 个字符,在分隔线前的小方框中打"√"。

6. 将光标定位于正文第三段中,执行"插入—图片—来自文件",将文件夹中的 img. jpg 插入到文档中,在图片上单击鼠标右键选择"设置图片格式",将图片的宽度、高度缩放为 30%,环绕方式设置为"四周型",然后参考样张,将图片移动到合适的位置。

7. 参照样张,将光标定位于正文适当位置,执行"插入—文本框—竖排",在其中输入文字"奥林匹克运动会";选中文字,执行"格式—字体",设置为宋体、梅红色、三号字,文字效果为"礼花绽放"。

8. 执行"视图—页眉和页脚",在页眉处输入文字"奥运会的百年史",设置为楷体、小四号、居中。

9. (1) 打开 Excel 表,将光标定位在 A1 单元格,执行"数据—导入外部数据—导入数据",选择文件夹中的"jpb. txt",单击"打开"按钮,在"文本导入向导-3 步骤之 1"中选择"最合适的文件类型为'分隔符号'",单击"下一步"按钮,在"文本导入向导-3 步骤之 2"中选择"分隔符号为'空格'",单击"完成"按钮,在出现的"导入数据"对话框中数据的放置位置为第一行第一列,单击"确定"按钮;双击工作表标签,输入"2004 年奥运奖牌榜"。

(2) 光标定位在 A2 单元格上,执行"插入—列",在 A3 单元格中输入"名次",在 F3 单元格中输入"总数";光标定位在 F4 单元格,执行"插入—函数—SUM",在 Number1 中输入"C4:E4",点击"确定";将光标放在 F4 单元格右下角,当光标变成小"十"形状时按住鼠标左键向下拖动至 F78 处松开;选中 B3:F78 区域,执行"数据—排序",主关键字选择"总数",降序;在 A4 输入 1,A5 输入 2,选中 A4、A5 单元格,光标放在右下角边框上,当光标变成小"十"形状时按住鼠标左键向下拖动至 A78 松开。

(3) 选中 B3:B8 后,按住 Ctrl 再选中 F3:F8,执行"插入—图表—柱形图—簇状柱形图",点击"下一步",设置"系列产生在列",点击"下一步",在"标题"选项卡—"图表标题"中输入"2004 年奥运会前五名",在"图例"选项卡中选择"不显示图例",在"数据标志"选项卡—"数据标签包括"选择"值",点击"下一步",选择"作为其中的对象插入",点击"完成"。

（4）选中所生成的图表,复制;然后回到 Word 窗口,将光标定位在文档的最后,执行"编辑—选择性粘贴",在打开的对话框中选择"增强型图元文件"。

（5）在 Excel 窗口中选择"文件"—"另存为",在对话框中选择保存的位置 Text8 文件夹,文件名 EX8,选择保存类型为. xls。关闭 Excel。

10. 在 Word 中选择"文件"—"保存"。

实验九

1. 选择"文件"菜单下的"页面设置",在对话框中分别设置"纸张"、"页边距"及"文档网格",其中在"文档网格"中选择"指定行网格和字符网格",然后设置每页行数和每行字符数。

2. 将光标定位在文章开头,按"回车键",在第一行输入标题文字;选中该标题段落,选择"格式"—"字体",设置字体和字号;选择"格式"—"段落",设置对齐方式;选择"格式"—"边框和底纹",在"边框"中选择"方框",设置其颜色和宽度,在"底纹"—"填充"中选择灰色-20%。

3. 将光标定位在第一段,选择"格式"—"首字下沉",设置下沉 3 行,字体选择"宋体";选中正文第二段及下面的所有段落,打开"格式"—"段落"—"特殊格式",选择"首行缩进","度量值"为 2 字符。

4. 选择"插入"—"文本框"—"竖排",在里面输入文字"今天你用液晶显示器了吗",参照样张将文本框移动到指定位置;选中文本框,单击鼠标右键选择"设置文本框格式",在"版式"中选择"环绕方式"为"紧密型",选择"水平对齐方式"为"右对齐"。

5. 选择"视图"—"页眉和页脚",在页脚处输入文字"液晶显示器";选中文字,设置"对齐方式"为"居中对齐"。

6. 选择"编辑"—"替换",在"查找内容"框中输入"测试",在"替换为"框中输入"测试",并在"高级"—"格式"—"字体"中设置为红色、加粗,然后按"全部替换"按钮。

7. 选中正文最后一段,打开"格式"—"分栏",在对话框中选择"两栏",在分隔线前的小方框中打"√"。

8. 光标定位于正文第五段,选择"插入"—"图片"—"来自文件",在对话框中选择该图片;点击"插入"后选中正文中出现的该图片,单击鼠标右键选择"设置图片格式",在"大小"中设置图片的高度和宽度,在"版式"中选择"环绕方式"为"四周型"。

9. （1）打开 Word 文档"三星液晶报价表. doc",复制整个表格,然后打开 Excel,将光标定位于 A1 单元格,点击工具栏上"粘贴"按钮;在工作表标签上单击鼠标右键,选择"重命名",命名为"液晶报价统计表";选择第二列数据将其"剪切","粘贴"到第四列,然后删除空的第二列,则可交换二三两列的位置。

（2）将光标定位到 D1 单元格,输入"跌幅";然后将光标定位在 D2 单元格,输入公式"=(B2－C2)/B2",按"回车键",然后将光标定位在该单元格右下角,拖动鼠标至 D12 单元格;选中 D2:D12 单元格,点击鼠标右键打开快捷菜单,选择"设置单元格格式"—"数字",选中"百分比"格式,保留 2 位小数。

（3）选择 A1:C12 单元格区域,选择"插入"—"图表",弹出"图表向导步骤一"对话框,选择"堆积折线图",单击"下一步",在"数据区域"中选择"系列产生在列",单击"下一步",在"图表标题"中输入"液晶报价比较",单击"下一步",单击"完成"。

（4）选定图表,单击鼠标右键选择"复制";打开 Word 文档,将光标定位到文档末尾,选择"编辑"—"选择性粘贴",选择"增强型图元文件",点击"确定"即可。

（5）在 Excel 窗口中选择"文件"—"另存为",在对话框中选择保存的位置Text9 文件夹,文件名 EX9,选择保存类型为. xls。关闭 Excel。

10. 在 Word 中选择"文件"—"保存"。

实验十

1. 将光标定位在文章开头,按"回车键",在第一行输入标题文字;选中该标题段落,选择"格式"—"字体",设置为华文行楷、二号字、加粗,选择"格式"—"段落",设置对齐方式为"居中"。

2. 选中标题文字,选择"格式"—"字体",选择"字符间距"选项卡,设置字符间距,选择"文字效果"选项卡,设置动态效果。

3. 将光标定位在第一段,选择"格式"—"首字下沉",设置下沉的行数、距正文的宽度和字体;选中其余各段,选择"格式"—"段落",设置首行缩进 2 个字符;选择"格式"—"段落",设置行距以及段前段后距离。

4. 光标定位于正文第二段,选择"插入"—"图片"—"来自文件",在对话框中选择该图片;点击"插入"后选中正文中出现的该图片,单击鼠标右键选择"设置图片格式",在"大小"中设置高度和宽度,取消"锁定纵横比"复选框,在"版式"中选择"环绕方式"为"四周型";最后参照样张将其移动到指定位置。

5. 选中正文第四段,选择"格式"—"边框和底纹",在"边框"选项卡下设置阴影、颜色和宽度,点击"选项"按钮,设置左右距正文的磅数。

6. 选择"编辑"—"替换",在"查找内容"框中输入"江阴长江大跨越",在"替换为"框中输入"江阴长江大跨越",点击"高级"按钮,设置替换的格式,最后点击"全部替换"按钮。

7. 选择"文件"—"页面设置",在"版式"选项卡中设置"奇偶页不同";选择"视图"—"页眉和页脚",分别设置奇偶页的页眉,点击页脚,选择"插入"—"页码",对齐方式选择"居中"。

8. 选中正文第七段,打开"格式"—"分栏",在对话框中选择两栏,在分隔线前的小方框中打"√",间距设置为 3 个字符。

9. (1) 打开"近几年区域电网电量.doc",复制整个表格;然后打开 Excel,将光标定位于 Sheet1 的 A2 单元格,单击鼠标右键选择"粘贴";在工作表 Sheet1 上单击鼠标右键,选择"重命名",命名为"近几年区域电网电量"。

(2) 选中 A1:E1 单元格,选择"格式"—"单元格"下的"对齐"选项卡,在"水平方式"下选择"居中",在"文本控制"下选择"合并单元格";选中 A1 单元格,选择"格式"—"单元格"—"字体",设置字体、字号和颜色;选中 A2:E2 列,选择"格式"—"列"—"列宽",设置列宽为 10。

(3) 将光标定位到 A10 单元格中,输入"平均";然后将光标定位在 B10 单元格,选择"插入"—"函数",在"常用函数"中选择"AVERAGE",数据区域选择 B5:B9;将光标放在 B10 单元格右下角,当变为小"十"形状时向右拖动光标至 E10 单元格;同时选定 B10:E10,单击鼠标右键,选择"设置单元格格式",在"数字"中选择"数值",设置其格式为带两位小数,在"对齐"中选择水平对齐方式为"居中"。

(4) 选择 B3:E3 和 B10:E10 单元格区域,选择"插入"—"图表",弹出"图表向导步骤一"对话框,选择"簇状柱形图",单击"下一步",在"数据区域"中选择系列产生在行,单击"下一步",在"标题"的"图表标题"中输入标题,在"数据标志"的"数据标签包括"中选择"值",在"图例"中选择"不显示图例",单击"下一步",单击"完成"。

(5) 选定图表,单击鼠标右键选择"复制";打开 Word 文档,将光标定位到文档末尾,选择"编辑"—"选择性粘贴",选择"增强型图元文件",点击"确定"按钮。

(6) 在 Excel 窗口中选择"文件"—"另存为",在对话框中选择保存的位置 Text10 文件夹,文件名 EX10,选择保存类型为.xls。关闭 Excel。

10. 在 Word 中选择"文件"—"保存"。

10　网页和幻灯片制作

实验一

1. 打开 FrontPage,单击"文件"菜单,选择"新建",在"新建"面板中单击"新建网页"—"其他网页模板"—"框架网页"选项,选择"水平拆分"框架网页,单击上框架"设置初始网页"按钮,选择文件夹中对应文件。

2. 右击上框架,选择"框架属性",设置框架高度、边距的高度和宽度。

3. 选中文字,选择"格式"菜单中的"字体"选项,按要求进行格式设置;右击选中的文字,选择"超链接"选项。

4. 单击"格式"菜单,选择"背景"选项—"格式"选项页—"背景图片"打"√", 选择相应的背景图片。

5. 单击"插入"菜单,选择"水平线"选项;单击"格式"菜单,选择"背景"选项— "常规"选项页—"背景音乐"—"不限次数"打勾。

6. (1) 打开 PowerPoint,单击"文件"—"打开",选择"Web",类型选择"Microsoft Powerpoint 演示文稿";单击"格式"—"幻灯片设计",在"幻灯片设计"面板选择"Capsules. pot"。

(2) 选中内容—复制—粘贴。

(3) 单击"插入"—"图片"—"来自文件",右击插入的图片—"设置图片格式"—"尺寸"和"位置",单击"幻灯片放映"—"自定义动画",在"自定义动画"面板单击"添加效果"—"进入"—"盒状"。

(4) 单击"格式"—"字体",单击"幻灯片放映"—"自定义动画"。

(5) 选中标题,单击"格式"—"字体",单击"幻灯片放映"—"自定义动画",在"自定义动画"画板单击"添加效果"—"进入"—"闪烁一次";选中正文,单击"格式"—"字体",单击"幻灯片放映"—"自定义动画",在"自定义动画"画板单击"添加效果"—"进入"—"飞入"—方向"自底部",双击动画列表中该项,在"飞入"—"声音"中选择"风铃"声。

(6) 单击"文件"—"保存"和"另存为网页";单击网页下框架的"设置初始网页"按钮,选择刚刚保存的网页文件 Web. mht。

7. 单击"文件"—"保存",文件名"Index. htm"。当其他网页在关闭时,询问是否保存,通通点击"是"按钮。

实验二

1. 打开 FrontPage,单击"文件"菜单,选择"新建",在"新建"面板中单击"新建网页"—"其他网页模板"—"框架网页"选项,选择"目录"框架网页,单击右框架"设置初始网页"按钮,选择文件夹中对应文件。

2. 分别右击左、右框架,选择"框架属性",设置框架宽度、边距的高度和宽度。

3. 选中文字,选择"格式"菜单中的"字体"选项,按要求进行设置格式;右击选中的文字,选择"超链接"选项。

4. 单击"格式"菜单,选择"背景"选项—"格式"选项页—"背景图片"打"√", 选择相应的背景图片。

5. 单击"插入"菜单,选择"水平线"选项;单击"格式"菜单,选择"背景"选项— "常规"选项页—"背景音乐"。

6. (1) 打开 PowerPoint,单击"文件"—"打开",选择"Web",类型选择"Microsoft Powerpoint 演示文稿";单击"格式"—"幻灯片设计",在"幻灯片设计"面板选择"Ribbons. pot"。

（2）单击"插入"—"新幻灯片"，复制 Word 文件中文字并粘贴到对应的幻灯片上。

（3）单击"插入"—"图片"—"剪贴画"；右击插入的图片，单击"设置图片格式"；单击"幻灯片放映"—"自定义动画"，在"自定义动画"面板单击"添加效果"—"进入"—"飞入"—方向"自左侧"，双击动画列表中该项，在"飞入"—"声音"中选择"风铃"声。

（4）单击"格式"—"字体"；单击"幻灯片放映"—"自定义动画"，在"自定义动画"面板单击"添加效果"—"进入"—"切入"—方向"自底部"。

（5）单击"格式"—"字体"，分别为标题和正文文字进行格式设置。

（6）单击"文件"—"保存"和"另存为网页"，注意保存类型；单击网页左框架的"设置初始网页"按钮，选择刚刚保存的网页文件 Web. mht。

7. 单击"文件"—"保存"，文件名"Index. htm"。当其他网页在关闭时，询问是否保存，通通点击"是"按钮。

实验三

1. 打开 FrontPage，单击"文件"菜单，选择"新建"，在"新建"面板中"新建网页"—"其他网页模板"—"框架网页"选项，选择"横幅和目录"框架网页，分别单击横幅和右框架的"设置初始网页"按钮，选择文件夹中对应文件。

2. 单击左框架的"新建网页"按钮，分别右击左、右、上框架，选择"框架属性"，设置框架宽度、边距宽度和高度。

3. 单击"插入"菜单—"插入 Web 组件"选项—"字幕"，按要求进行相应设置。

4. 单击"表格"—"插入"—"表格"，右击表格—"表格属性"—"边框"—"粗细"设置为 0；将文本文件 grid. txt 中的内容分别复制到表格中，分别右击选中表格的前四行文字，选择"超链接"—"地址"，选择 RIGHT. HTM—"书签"。

5. 选中上框架网页，单击"格式"菜单—"背景"选项—"常规"选项页—"背景音乐"，单击"格式"菜单—"背景"选项—"格式"选项页—"颜色"—"背景"。

6.（1）打开 PowerPoint，单击"文件"—"打开"；单击"格式"—"幻灯片设计"，在"幻灯片设计"面板选择"Nature. pot"。

（2）在最后一张幻灯片，单击"插入"—"新幻灯片"；在"幻灯片版式"—"文字版式"中选择"只有标题"；单击"插入"—"图片"—"来自文件。"

（3）选中第二张幻灯片，单击"幻灯片放映"—"幻灯片切换"，在"幻灯片切换"面板中选择"从左抽出"，并进行相应设置。

（4）选中第六张幻灯片，单击"幻灯片放映"—"动作按钮"—"动作按钮：开始"，超链接到"第一张幻灯片"。

（5）单击"文件"—"保存"和"另存为网页"选项。

（6）右击选中的文字"MATLAB 与 ActiveX"，单击"超链接"，选择"Web.mht"—"目标框架"—"新建窗口"。

7. 单击"文件"—"保存"，整个框架以"Index"保存，左框架以"Left"保存，保存类型都是"网页"。其他网页在关闭时，询问是否保存，通通点击"是"按钮。

实验四

1. 打开 FrontPage，单击"文件"菜单，选择"新建"—"新建"面板中"新建网页"—"其他网页模板"—"框架网页"选项，选择"横幅和目录"框架网页，分别单击左右框架的"设置初始网页"按钮，选择文件夹中对应的文件。

2. 分别右击左、右框架，选择"框架属性"，设置框架高度和宽度。

3. 在左框架左下角输入文字"友情链接"，选中文字，单击"格式"—"字体"；右击选中的文字，选择"超链接"，在地址栏中输入"http://www.sina.com.cn"。

4. 分别选中左、右框架网页，单击"格式"菜单，选择"背景"选项—"常规"选项页—"背景音乐"；单击"格式"菜单，选择"背景"选项—"格式"选项页—"颜色"。

5. （1）打开 PowerPoint，单击"文件"—"打开"；单击"格式"—"幻灯片设计"，在"幻灯片设计"面板选择"Echo.pot"。

（2）选中第二张幻灯片，单击"插入"—"图片"—"来自文件"；右击插入的图片，选择"设置图片格式"—"尺寸"和"位置"。

（3）单击"幻灯片放映"—"自定义动画"，单击"添加效果"—"进入"—"盒状"，选择"方向"为"内"；双击动画列表中该项，在"声音"中选择"鼓声"。

（4）打开 Word 文件"简介.doc"，将内容复制到第三张幻灯片正文中。

（5）选中第三张幻灯片，分别选中标题和正文文字，单击"格式"—"字体"；单击"幻灯片放映"—"自定义动画"。

（6）单击"文件"—"保存"和"另存为网页"选项，注意保存类型；单击网页上框架的"设置初始网页"按钮，选择刚刚保存的网页文件 Web.mht。

6. 单击"文件"—"保存"，文件名"Index.htm"。其他网页在关闭时，询问是否保存，通通点击"是"按钮。

实验五

1. 打开 FrontPage，单击"文件"菜单，选择"新建"，在"新建"面板中"新建网页"—"其他网页模板"—"框架网页"选项，选择"嵌入式层次结构"框架网页，分别单击左、右上框架的"设置初始网页"按钮，选择文件夹中对应的文件。

2. 单击右上框架网页，选择"格式"—"主题"，在右边"主题"面板中选择"彩条"；右键单击右下框架，选择"框架属性"，设置框架高度。

3. 单击右下框架的"新建网页"按钮,插入文字,选中,单击"格式"—"字体";选中文字,单击"视图"—"工具栏"—"动态 HTML 效果",选择"鼠标悬停"—"格式"—"选择边框",打开"边框和底纹"对话框进行相应设置。

4. 分别选中左框架中的文字"豪杰系列"、"瑞星杀毒"和"东方大典"—"超链接"—"原有文件或网页"。

5. 选择右下网页,单击"格式"菜单,选择"背景"选项—"常规"选项页—"背景";单击"格式"菜单,选择"背景"选项—"格式"选项页—"颜色"。

6. (1) 打开 PowerPoint,单击"文件"—"打开",找到对应的文件;单击"格式"—"幻灯片设计",在"幻灯片设计"面板选择"Sumi painting. pot";单击"视图"—"页眉和页脚"—"日期和时间"—"自动更新",选择好样式后单击"应用"。

(2) 单击"插入"—"新幻灯片",在"幻灯片版式"面板中选择"只有标题";单击"插入"—"图片"—"来自文件";单击"幻灯片放映"菜单—"设置放映方式",在"放映选项"的"循环放映,按 ESC 键终止"前的方框中打"√"。

(3) 选择第一张幻灯片,单击"幻灯片放映"—"自定义动画",在"自定义动画"面板的"添加效果"—"进入"—"展开"中,选择速度为"中速";双击动画列表中该项,选择"声音"为"风铃"声。

(4) 选择第一张幻灯片,分别选中文字"金山毒霸"、"金山词霸"、"金山快译",右击选择"超链接"—"本文档中的位置"。

(5) 单击"文件"—"保存"和"另存为网页"选项,注意保存类型。

(6) 回到 FrontPage 中,选中左框架网页中的文字"金山系列",右击选择"超链接"—"原有文件或网页",选择刚刚保存的网页文件 Web. mht,单击"目标框架"—"新建窗口"。

7. 单击"文件"—"保存",整个框架以"Index"保存,右下框架以"Bott"保存,保存类型都是网页。其他网页在关闭时,询问是否保存,通通点击"是"按钮。

实验六

1. 打开 FrontPage,单击"文件"菜单—"打开网站"—"Download 文件夹中 Web6 文件夹",单击"打开"按钮,双击"Index. htm"文件;选中整个框架,右击选择"网页属性",在"网页属性"对话框中,在"常规"选项卡中给标题填上"希腊爱琴海之旅";单击上框架中的"新建网页",单击"框架"菜单—"框架属性",在"框架属性"对话框中,"框架大小"设置高度为 139 像素;单击"插入"菜单—"图片"—"来自文件",在 Web6 文件夹中找到 greece. jpg 文件,单击"插入"按钮;双击图片,在出现的"图片属性"对话框中选择"环绕样式"为"左";然后输入"欧洲的阳台——希腊"(如样张所示),选中刚输入的文字,单击"格式"菜单—"字体",设置为隶书、加粗、六号字,颜色选择"其他颜色",在"其他颜色"对话框中选择值为 Hex＝｛CC,66,

FF}。

2. 选中整个框架网页,点右键选择"网页属性",在"常规"标签中"背景音乐"处点击"浏览"按钮,找到文件夹中 music. mid 文件,并将"不限次数"前的复选框选中。

3. 点击左框架中"新建网页"按钮,单击"表格"菜单—"插入"—"表格",在"插入表格"对话框中选择行数为 4,列数为 1,边框粗细为 0,指定高度为 200 像素,并依次在单元格中输入"鸽子之岛——Egina"、"美丽生动——Poros"、"特立独行——IdraIdra"、"希腊其他旅游胜地",选中刚才输入的文字,单击"格式"菜单—"字体",设置为黑体、三号。

4. 单击右框架的"设置初始网页"按钮,在弹出的"插入超链接"对话框中找到 right. htm 文件;选中右框架网页,单击"格式"菜单—"主题",选择主题为"彩条",并将"鲜艳的颜色"、"动态图形"、"背景图片"前的复选框均选中;选择"应用于所选网页"。

5. 选中左框架表格单元格"鸽子之岛——Egina",单击"插入"菜单—"超链接",在弹出的"插入超链接"对话框中找到 right. htm,单击"书签"按钮,选择"鸽子之岛——Egina"书签,单击"目标框架"按钮,在弹出的"目标框架"对话框中单击"当前框架网页"中右框架(此时"目标设置"为 main),单击"确定"按钮;其他的两个类似。

6. (1) 打开 Web6 文件夹中 Web. ppt 文件,单击第一张幻灯片的上方,单击"插入"菜单—"新幻灯片",选择"标题幻灯片",标题处输入为"希腊必游之地",副标题处输入为"爱琴海艾伊娜岛(AIGINA)"。

(2) 单击"格式"菜单—"幻灯片设计"—"应用设计模板",在"幻灯片设计"面板中,单击"浏览...",选择 Web6 文件夹中的"Globe. pot",并选择"应用"按钮;单击"幻灯片放映"—"幻灯片切换",选择"随机",点击"应用于所有幻灯片"。

(3) 单击"视图"菜单—"页眉和页脚",在"页眉和页脚"对话框中选中"日期和时间"中"自动更新"和"幻灯片编号"前的复选框,点击"全部应用"按钮。

(4) 定位到最后一张幻灯片,单击"幻灯片放映"菜单—"动作按钮",选择"动作按钮:自定义";单击"动作设置"对话框"单击鼠标"标签,"单击鼠标时的动作"选择"超链接到"—"幻灯片...",在"超链接到幻灯片"对话框中单击第三张幻灯片,点击"确定"按钮;选择菜单"幻灯片放映"中的"自定义动画",在"自定义动画"面板中单击"添加效果"—"进入"—"百叶窗",设置方向"垂直"。

(5) 单击"保存"按钮,即以 Web 为文件名,文件类型为演示文稿(＊. ppt)保存;单击"文件"菜单—"另存为网页",选择 Web6 文件夹,以 Web 为文件名,类型:单个文件网页。

(6) 回到 FrontPage 中,选中左框架网页中"希腊其他旅游胜地",点右键选择

"超链接",在"插入超链接"对话框中单击"浏览文件"工具按钮,在弹出的"链接到文件"对话框中选择 Web 文件夹中"Web. mht"文件,单击"确定"按钮;在"插入超链接"对话框中,单击"目标框架"按钮—"公用的目标区"中的"新建窗口"—"确定",再单击"插入超链接"对话框中"确定"按钮。

7. 单击"文件"菜单—"保存",在"另存为"对话框中,选择 Web6 文件夹,左框架网页以 left. htm 文件名保存,上框架网页以 top. htm 文件名保存,其他网页以原文件名保存。其他网页在关闭时,询问是否保存,通通点击"是"按钮。

实验七

1. 打开 FrontPage,执行"文件—打开网站",选择 Download 文件夹下的"Web7"文件夹,在"Web7"站点中打开网页"Index. htm";右击上框架,在"框架属性"对话框中设置"初始网页"为"DL1. htm";下框架初始网页设置方法与上框架设置相同。

2. 分别选择上框架需要链接的文字,单击右键选择"超链接",在对话框中选择超链接到下框架网页 DL2. htm 中相应的段落标题书签上,并更改"目标框架"为"下框架(bottom)"。

3. 将光标放在上框架网页第一行开始处,回车,空出一行,在空出的这一行中输入"地理杂谈",选中"地理杂谈",执行"格式—字体",设置其格式为紫色、18 磅、隶书。

4. 定位光标,执行"插入—水平线",双击水平线,在属性对话框中按题目要求对其设置。

5. 光标定位在下框架,执行"格式—网页过渡",在"网页过渡"对话框中选择"事件"为"进入网页","过渡效果"为"圆形放射"。

6. (1)首先打开 Web. ppt 文件,选择第一张幻灯片,执行"格式—背景",打开"背景"对话框,在"背景填充"的下拉列表中选择"填充效果",打开"填充效果"对话框,选择"图片"选择卡,点击"选择图片"按钮,选择图片 a. jpg,单击"确定"按钮,返回对话框后,单击"应用"按钮。

(2)选中标题文字"闲话地理",执行"幻灯片放映—自定义动画",在"自定义动画"面板中设置动画为"进入"—"擦除"—"自左侧"。

(3)选中第五张幻灯片,按"Delete"键删除该幻灯片;选中第四张幻灯片,按住鼠标左键,拖动至第三张幻灯片之前释放鼠标左键。

(4)执行"视图—页眉和页脚",在对话框中选中"自动更新",单击"全部应用"。

(5)执行"文件—保存",将修改过的幻灯片保存起来;执行"文件—另存为网页",在对话框中"保存位置"选择"Web7"文件夹,"文件名"为"Web","类型"为"单个文件网页"。

（6）返回 FrontPage，选中文字"闲话地理"，单击右键选择"超链接"，在对话框中选择文件"Web. mht"，"目标框架"选择"新建窗口"。

7．单击"文件"—"保存"。

实验八

1．打开 FrontPage，选择"文件"—"打开网站"，选择 Download 文件夹中的"Web8"站点，单击"打开"；选择"文件"—"新建"—"网页"，在打开的对话框中选择"框架网页"，选择"横幅和目录"；在打开的框架中分别设置初始网页。

2．选中文字"网页设计软件"，选择"格式"中的"字体"，设置为蓝色、加粗、36磅，选择"格式"中的"段落"，设置对齐方式为"居中"；选择"插入"中的"Web 组件"，在打开的对话框中选择"动态效果"栏的"字幕"，然后单击"完成"，再进行字幕的相关设置。

3．在左框架网页中，分别选择相应的文字，单击鼠标右键，设置超链接到相应的文档，目标框架为 main。

4．将光标放置到左框架中，单击鼠标右键，选择"网页属性"中的"格式"选项卡进行相关设置。

5．将光标放置到右框架中，单击鼠标右键，选择"网页属性"中的"格式"选项卡，设置背景图片；选择"格式"中的"网页过渡"，设置为"纵向棋盘式"，周期为2秒。

6．（1）选择"幻灯片放映"下的"幻灯片切换"，设置切换方式为"水平百叶窗式"，并伴有相机声，单击鼠标时换页。

（2）选择"格式"下的"幻灯片设计"，在"幻灯片设计"面板中单击"浏览..."，选择 Web6 文件夹中的"Ocean. pot"，并选择"应用"按钮。

（3）选择第二张幻灯片，单击右键选择"背景"，在对话框中选择下拉列表中的"填充效果"，接着选择"纹理"中的"斜纹布"，单击"确定"—"应用"按钮。

（4）选择第四张幻灯片，选择"插入"—"图片"—"来自文件"，选择"wappage. gif"文件，参考样张，放置到适当的位置；在图片上点击右键选择"设置图片格式"，进行大小设置；选中图片，选择"幻灯片放映"—"自定义动画"，在"自定义动画"面板—"添加效果"中设置动画为"进入"—"飞入"—"中速"。

（5）执行"文件—保存"，将修改过的幻灯片保存起来；执行"文件—另存为网页"，在对话框中"保存位置"选择"Web8 文件夹"，"文件名"为"Web"，"文件类型"为"单个文件网页"。

（6）回到 FrontPage 中，选中文字"WAP 网页设计软件"，单击右键选择"超链接"，在对话框中选择文件"Web. mht"，"目标框架"选择"新建窗口"。

7. 单击"文件"菜单—"保存",在"另存为"对话框中选择 Web8 文件夹,框架网页以 Index. htm 保存,其他网页以原文件名保存。其他网页在关闭时,询问是否保存,通通点击"是"按钮。

实验九

1. 打开 FrontPage,执行"文件—打开网站",选择 Download 文件夹下的"Web9"文件夹;在"Web9"站点中打开网页"Index. htm";执行"框架—框架属性—框架网页—常规",在背景音乐的位置一栏中选择"music. mid";右击右框架,在"框架属性"对话框中设置初始网页为"main. htm"。

2. 右击左框架,在"框架属性"对话框中设置宽度为 250 像素;右击上框架,在"框架属性"对话框中设置高度为 80 像素。

3. 光标定位到左框架中,执行"插入—图片—来自文件",插入文件名为"icon. jpg"的图片;选中插入的图片,执行"视图—工具栏—DHTML 效果",设置图片的DHTML 效果为"网页加载时螺旋"。

4. 定位光标,选择"插入—交互式按钮",按钮文本为"我爱运动",在"按钮"列表中选择"编织环 4"。

5. 右击上框架,在"网页属性"对话框中选择"格式"标签,选中"背景图片"和"水印"选项,并选择文件"background. jpg";选中上框架中的"秘密花园"文字,执行"插入—Web 组件—动态效果—字幕",在"字幕属性"对话框中设置方向向左,延迟速度为 70,表现方式为交替,选中文字,单击"格式"菜单—"字体"进行字体设置。

6. (1)首先打开 Web. ppt 文件,选中所有幻灯片,执行"格式—幻灯片设计",在"幻灯片设计"面板中选择"Clouds. pot",并选择"应用"按钮;选中第一张幻灯片中的副标题文字,设置其字体为宋体,字号为 40;执行"幻灯片放映—自定义动画",设置其动画效果。

(2)选中第二张幻灯片中左上角的图片,执行"插入—超链接",在"插入超链接"对话框中选择"本文档中的位置",选择"篮球"幻灯片;按照此操作为其他三张图片制作对应的超链接。

(3)执行"幻灯片放映—幻灯片切换",设置所有幻灯片切换方式为水平百叶窗、中速、单击鼠标时换页并伴有鼓掌声音。

(4)执行"视图—页眉和页脚",在对话框中设置幻灯片页脚为"我爱运动",选中"标题幻灯片中不显示"的选项,点击"全部应用"。

(5)执行"文件—保存",将修改过的幻灯片保存起来;执行"文件—另存为网页",在对话框中"保存位置"选择"Web9 文件夹","文件名"为"Web","文件类型"为"单个文件网页"。

（6）回到 FrontPage 中，选中左框架网页中的悬停按钮，右击打开"按钮属性"，在"链接到"文本框后点击"浏览"选择"Web. mht"，并设置目标框架为"新建窗口"。

7. 单击"文件"—"保存"。

实验十

1. 打开 FrontPage，单击"文件"菜单，选择"打开网站"，选择"Web10"，打开网页 Index. htm；在上框架网页中，选择"插入"菜单—"Web 组件"，双击"动态效果"选项—"字幕"，输入文字"不同季节的读书方法"，完成后在字幕上单击鼠标右键选择"字幕属性"，设置其方向向右，延迟速度为 40，表现方式为"交替"，在样式中设置其字体格式为红色、加粗、24 磅。

2. 分别选中文字，单击鼠标右键选择"超链接"选项，目标为网页"main. htm"中的书签。

3. 光标定位于下框架，单击鼠标右键选择"网页属性"—"格式"，设置其背景颜色为绿色。

4. 单击鼠标右键选择"框架属性"中的"框架网页"，在"常规"选项中设置标题为"不同季节的读书方法"，在"框架"选项中设置框架间距为 4。

5. 单击"插入"菜单—"Web 组件"，选择"计数器"。

6.（1）打开 PowerPoint，单击"文件"—"打开"；定位在第一张幻灯片上，选择"幻灯片放映"—"幻灯片切换"，在对话框中设置为纵向棋盘式、中速，单击鼠标时换页，并伴有爆炸声音。

（2）打开文本文件"四季读本. txt"，选中内容，单击右键选择"复制"，然后定位到第五张幻灯片的文本框处，选择"粘贴"；单击"格式"菜单—"占位符"，在"文本框"选项卡中选中"将自选图形中的文字旋转 90°"。

（3）光标定位于第七张幻灯片，单击"插入"—"文本框"，单击鼠标右键选择"超链接"，选中目标为"本文档中的位置"—"第一张幻灯片"。

（4）光标定位于第一张幻灯片，单击"插入"—"图片"—"来自文件"。

（5）执行"文件—保存"，将修改过的幻灯片保存起来；执行"文件—另存为网页"，在对话框"保存位置"选择"Web10"文件夹，"文件名"为"Web"，"文件类型"为"单个文件网页"。

（6）回到 FrontPage 中，选中文字"点击查看演示文稿"，单击鼠标右键选择"超链接"，目标地址选择"Web. mht"，目标框架为"新建窗口"。

7. 单击"文件"—"保存"。

实验十一

1. 打开 FrontPage，单击"文件"菜单，选择"打开网站"，在 Download 文件夹中找到"Web11"，打开 Index. htm 文件；单击上框架的"设置初始网页"按钮，选择 Web11 文件夹下的 Top. htm 文件，右击上框架选择"网页属性"，在"常规"选项卡下的"背景音乐"，设置循环次数为 5 次。

2. 单击"框架"菜单—"框架属性"，设置框架高度，在"可在浏览器中调整大小"的复选框中打"√"。

3. 单击右框架的"设置初始网页"按钮，选择 Web11 文件夹下的 right. htm；单击"格式"—"主题"，选中"对折"主题，在"鲜艳的颜色"和"背景图片"复选框中打"√"。

4. 光标定位在右框架，单击"插入"—"图片"—"来自文件"，选择"Web11"下的 right. jpg 图片；右键点击图片，选择"图片属性"，点击"外观"选项卡，设置图片高度、宽度和水平间距。

5. 右键点击左框架中的表格，选择"单元格属性"设置亮边框和暗边框的颜色。

6. (1) 打开 PowerPoint，单击"文件"—"打开"，选择"Web11"下的"Web. ppt"文件；选中第四张幻灯片中，单击"插入"—"新幻灯片"，选择"项目清单"幻灯片，打开"主要应用领域. doc"，将里面的文字复制到第五张幻灯片中；选中第五张幻灯片的"标题"文字，在"格式"菜单下选择"字体"设置相应的字体格式。

(2) 单击"格式"菜单—"幻灯片设计"，在"应用设置模板"下选择"Blends. pot"；单击"视图"—"页眉和页脚"，选中"幻灯片"选项卡，在"自动更新"中选择相应的格式，在"标题幻灯片中不显示"复选框中打"√"。

(3) 在第一张幻灯片中，选中"使用年代"，点击鼠标右键选择"超链接"，点击"本文档中的位置"，选择幻灯片标题为"使用年代"的幻灯片；其他类似。

(4) 在第一张幻灯片中，单击"插入"—"图片"—"来自文件"，选择"Web11"下的"computer. jpg"图片，并把图片移动到右上角；单击"幻灯片放映"—"自定义动画"，选中该图片，在"效果选项卡"中选择"回旋"。

(5) 执行"文件—保存"，将修改过的幻灯片保存起来；执行"文件—另存为网页"，在对话框"保存位置"选择"Web11"文件夹，"文件名"为"Web"，"文件类型"为"单个文件网页"。

(6) 回到 FrontPage 中，选中左框架中的"第四代计算机"，单击"插入"—"超链接"，选择"Web11"文件夹下的 Web. mht，目标框架为"新建窗口"。

7. 单击"文件"—"保存"。

11　Access 操作

实验一

启动 Access，打开 Download 文件夹下 Acs 文件夹中"教学管理.mdb"数据库。

1. 选择 JS 表，单击工具栏上的"复制"按钮，再单击"粘贴"按钮，在表名称栏中输入"T1"，粘贴选项中选择"结构和数据"，单击"确定"按钮。

2. 选择 XIMING 表，进入设计视图，在界面中选中第三行"系编号"，点击右键选择"删除行"。

3. 打开 RK 表，在表的末尾输入题目中要求的相应信息。

4. 选择"查询"对象—在设计视图中创建查询—打开，选择 RK 表—添加，进入查询设计器界面，在第一行字段栏中依次选择课程代号、课程名称、学分、学时和考试类型，在考试类型列的条件栏中输入"闭卷"（注意加英文状态下的双引号），单击工具栏上的"！"按钮，查看查询结果，关闭设计窗口，保存查询为"Q1"。

5. 选择"查询"对象—在设计视图中创建查询—打开，选择 XIMING 表和 JS 表—添加，单击工具栏"∑"按钮，显示出"总计"行，在查询设计视图中依次选择"系代号"和"工号"，在"系代号"的总计行中选择"分组"，在"工号"的总计行中选择"计数"，在字段"工号"左边加上"人数"，并用英文状态下的"："分隔，单击工具栏上的"！"按钮，查看查询结果，关闭设计窗口，保存查询为"Q2"。

6. 以原名保存数据库文件。

实验二

启动 Access，打开 Download 文件夹下 Acs 文件夹中"教师信息.mdb"数据库。

1. （1）选中 JS 表，单击"设计"按钮，进入 JS 表的设计视图，使光标定位在"ZC"字段，将"ZC"字段的"字段大小"由原来的 6 改为 8；

（2）在"GZ"字段下面的空白行中输入字段名 CSRQ，并选择其数据类型为"日期/时间"。

2. （1）在数据库窗口中双击 KC 表，在 KC 表的数据表视图中输入"表 2 - 4"中的两条记录；

（2）在 KC 表的数据表视图中，单击要修改的单元格，可直接修改数据；

（3）在 KC 表的数据表视图中，单击要删除的行，选择"编辑"菜单中"删除记录"命令，可删除相应的记录。

3.（1）在数据库窗口中，单击左边的"查询"按钮；

（2）双击"在设计视图中创建查询"，打开查询设计视图，添加 JS 表，关闭"显示表"对话框；

（3）在查询设计视图中，依次选择 JS 表中的"GH"、"XM"和"GZ"等字段；

（4）在"GZ"字段的"条件"行，输入"＞2500"；

（5）在"GZ"字段的"排序"行，设置为"升序"；

（6）单击工具栏上的"！"按钮，查看查询结果；

（7）关闭设计窗口，根据提示保存为"CX1"。

4.（1）双击"在设计视图中创建查询"，打开查询设计视图；

（2）依次添加 JS、RK、KC 三张表，关闭"显示表"对话框；

（3）在查询设计视图中，依次在各表中选择所需的字段；

（4）在"GH"字段的"排序"行，设置为"降序"；

（5）单击工具栏上的"！"按钮，查看查询结果；

（6）关闭设计窗口，根据提示保存为"CX2"。

5.（1）双击"在设计视图中创建查询"，打开查询设计视图；

（2）添加 JS 表，关闭"显示表"对话框；

（3）单击工具栏上的"∑"按钮，显示"总计"行；

（4）在查询设计视图中，依次选择"XIMING"、"GZ"和"GZ"等字段；

（5）在"XIMING"字段的"总计"行，选择"分组"，在第一个"GZ"字段的"总计"行，选择"最小值"，在此"GZ"左边加上"最低工资"，并用英文":"隔开，在第二个"GZ"字段的"总计"行，选择"最大值"，在此"GZ"的左边加上"最高工资"，并用英文":"隔开；

（6）单击工具栏上的"！"按钮，查看查询结果；

（7）关闭设计窗口，根据提示保存为"CX3"。

6.（1）双击"在设计视图中创建查询"，打开查询设计视图；

（2）添加 JS 表，关闭"显示表"对话框；

（3）单击工具栏上的"∑"按钮，显示"总计"行；

（4）在查询设计视图中，依次选择"XIMING"、"XB"和"GH"等字段；

（5）在"XIMING"字段的"总计"行，选择"分组"，在"XB"字段的"总计"行，选择"分组"，在"GH"字段的"总计"行，选择"计数"，在"GH"的左边加上"人数"，并用英文":"隔开；

（6）单击工具栏上的"！"按钮，查看查询结果；

（7）关闭设计窗口，根据提示保存为"CX4"。

7.（1）双击"在设计视图中创建查询"，打开查询设计视图，并关闭"显示表"对话框。

（2）在"视图"菜单中,选择"SQL"视图命令,输入以下 SQL 语句:

　　SELECT JS. GH AS 工号,JS. XM AS 姓名,RK. KCH AS 课程号

　　FROM JS,RK

　　WHERE JS. GH＝RK. GH AND ZC＝"教授";

（3）单击工具栏上的"!"按钮,查看查询结果。

（4）关闭设计窗口,根据提示保存为"CX5"。

8.（1）双击"在设计视图中创建查询",打开查询设计视图,并关闭"显示表"对话框。

（2）在"视图"菜单中,选择"SQL"视图命令,输入以下 SQL 语句:

　　SELECT JS. XIMING AS 系名,SUM(JS. GZ) AS 工资总额,AVG(JS.
　　　GZ) AS 平均工资

　　FROM JS

　　GROUP BY JS. XIMING

　　ORDER BY 2 DESC;

（3）单击工具栏上的"!"按钮,查看查询结果。

（4）关闭设计窗口,根据提示保存为"CX6"。

9.（1）双击"在设计视图中创建查询",打开查询设计视图,并关闭"显示表"对话框。

（2）在"视图"菜单中,选择"SQL"视图命令,输入以下 SQL 语句:

　　SELECT JS. GH AS 工号,COUNT(RK. GH) AS 任课门数

　　FROM JS,RK

　　WHERE JS. GH＝RK. GH

　　GROUP BY JS. GH;

（3）单击工具栏上的"!"按钮,查看查询结果。

（4）关闭设计窗口,根据提示保存为"CX7"。

实验三

1.（1）双击"在设计视图中创建查询",打开查询设计视图;

（2）添加"图书"表,关闭"显示表"对话框;

（3）在查询设计视图中,依次选择"书编号"、"书名"、"作者"和"藏书数"字段;

（4）在"藏书数"字段的"条件"行输入"＞＝2";

（5）单击工具栏上的"!"按钮,查看查询结果;

（6）关闭设计窗口,根据提示保存为"CX1"。

2.（1）双击"在设计视图中创建查询",打开查询设计视图;

（2）添加"学生"和"借阅"表,关闭"显示表"对话框;

（3）点击"学生"表的"学号"字段,拖动到"借阅"表的"学号"字段,建立联接;

（4）在查询设计视图中,依次选择"学号"、"姓名"和"书编号"字段,在第四列字段输入"超期天数:归还日期－借阅日期－15"(注意"超期天数"后面的冒号为英文状态),在第五列字段输入"罚款金额:0.1(归还日期－借阅日期－15)"(注意冒号和括号均为英文状态);

（5）在"超期天数"字段的"条件"行里输入">0"或">＝1";

（6）单击工具栏上的"!"按钮,查看查询结果;

（7）关闭设计窗口,根据提示保存为"CX2"。

3. 保存数据库"学生管理. MDB"。

实验四

1.（1）双击"在设计视图中创建查询",打开查询设计视图;

（2）添加"学生"和"成绩"表,关闭"显示表"对话;

（3）点击"学生"表的"学号"字段,拖动到"成绩"表的"学号"字段,建立联接;

（3）在查询设计视图中,依次选择"学号"、"姓名"、"Word"和"Excel"字段;

（4）在"Word"字段和"Excel"字段的"条件"行均输入">10";

（5）单击工具栏上的"!"按钮,查看查询结果;

（6）关闭设计窗口,根据提示保存为"CX1"。

2.（1）双击"在设计视图中创建查询",打开查询设计视图;

（2）添加"院系"、"学生"和"奖学金"表,关闭"显示表"对话框;

（3）点击"院系"表的"院系代码"字段,拖动到"学生"表的"院系代码"字段,并点击"学生"表的"学号"字段,拖动到"奖学金"表的"学号"字段,使三张表建立联接;

（4）单击工具栏上的"∑"按钮,显示"总计"行;

（5）在查询设计视图中,依次选择"院系代号"、"奖励类别"和"奖励金额"字段;

（6）在"院系代号"字段的"总计"行,选择"分组",在"奖励类别"字段的"总计"行,选择"分组",在"奖励金额"字段的"总计"行,选择"总计",在"奖励金额"的左边加上"奖励总金额",并用英文符号":"隔开;

（7）单击工具栏上的"!"按钮,查看查询结果;

（8）关闭设计窗口,根据提示保存为"CX2"。

3. 保存数据库"学生管理. MDB"。

实验五

1.（1）双击"在设计视图中创建查询",打开查询设计视图;

（2）添加"学生"和"奖学金"表,关闭"显示表"对话框;

（3）点击"学生"表的"学号"字段,拖动到"奖金表"的"学号"字段,建立联接;

（4）在查询设计视图中,依次选择"学号"、"姓名"、"奖励类别"和"出生日期"字段;

（5）在"奖励类别"字段的"条件"行输入"滚动奖",在"出生日期"字段的"条件"行输入"＞＝＃1991－9－1＃";

（6）单击工具栏上的"!"按钮,查看查询结果;

（7）关闭设计窗口,根据提示保存为"CX1"。

2.（1）双击"在设计视图中创建查询",打开查询设计视图;

（2）添加"院系"、"学生"和"成绩"表,关闭"显示表"对话框;

（3）点击"院系"表的"院系代码"字段,拖动到"学生"表的"院系代码"字段,点击"学生"表的"学号"字段,拖动到"成绩"表的"学号"字段,建立三张表的联接;

（4）单击工具栏上的"Σ"按钮,显示"总计"行;

（5）在查询设计视图中,依次选择"院系名称"、"选择"和"成绩"字段,在"院系名称"字段的"总计"行,选择"分组",在"选择"字段的"总计"行选择"最大值",在"成绩"字段的"总计"行,选择"平均值",在"选择"的左边加上"选择最高分",并用英文符号":"隔开,在"成绩"的左边加上"成绩平均分",并用英文符号":"隔开;

（6）单击工具栏上的"!"按钮,查看查询结果;

（7）关闭设计窗口,根据提示保存为"CX2"。

3.保存数据库"学生管理. MDB"。

实验六

1.（1）双击"在设计视图中创建查询",打开查询设计视图;

（2）添加"学生"、"借阅"和"图书"表,关闭"显示表"对话框;

（3）点击"学生"表的"学号"字段,拖动到"借阅"表的"学号"字段,点击"借阅"表的"书编号"字段,拖动到"图书"表的"书编号"字段,建立三张表的联接;

（4）在查询设计视图中,依次选择"学号"、"姓名"、"书编号"和"书名"字段;

（5）在"书编号"的"条件"行,输入"G0001",在"书编号"的"或"行,输入"P0001";

（6）在"学号"字段的"排序"行,设置为"升序";

（7）单击工具栏上的"!"按钮,查看查询结果;

（8）关闭设计窗口,根据提示保存为"CX1"。

2.（1）双击"在设计视图中创建查询",打开查询设计视图;

（2）添加"院系"、"学生"和"成绩"表,关闭"显示表"对话框;

（3）点击"院系"表的"院系代码"字段,拖动到"学生"表的"院系代码"字段,并

点击"学生"表的"学号"字段,拖动到"成绩"表的"学号"字段,使三张表建立连接;

(4) 单击工具栏上的"∑"按钮,显示"总计"行;

(5) 在查询设计视图中,依次选择"院系代码"、"院系名称"、"学号"、"成绩"和"选择"字段;

(6) 在"院系代码"字段的"总计"行,选择"分组",在"学号"字段的"总计"行,选择"计数",在"学号"的左边加上"优秀人数",并用英文符号":"隔开,在"成绩"和"选择"字段的"总计"行,均选择"条件";

(7) 在"成绩"字段的"条件"行输入">=85",在"选择"字段的"条件"行输入">=30";

(8) 在"学号"字段的"排序"行,设置为"降序";

(9) 单击工具栏上的"!"按钮,查看查询结果;

(10) 关闭设计窗口,根据提示保存为"CX2";

3. 保存数据库"学生管理. MDB"。

实验七

1. (1) 双击"在设计视图中创建查询",打开查询设计视图;

(2) 添加"院系"、"学生"和"借阅"表,关闭"显示表"对话框;

(3) 点击"院系"表的"院系代码"字段,拖动到"学生"表的"院系代码"字段,并点击"学生"表的"学号"字段,拖动到"借阅"表的"学号"字段,使三张表建立连接;

(4) 单击工具栏上的"∑"按钮,显示"总计"行;

(5) 在查询设计视图中,依次选择"院系代号"、"院系名称"、"学生. 学号"、"姓名"和"借阅. 学号"字段;

(6) 在"院系代号"字段的"总计"行,选择"分组",在"借阅. 学号"字段的"总计"行,选择"计数",在"借阅. 学号"的左边加上"本数",并用英文符号":"隔开;

(7) 单击工具栏上的"!"按钮,查看查询结果;

(8) 关闭设计窗口,根据提示保存为"CX1";

2. (1) 双击"在设计视图中创建查询",打开查询设计视图;

(2) 添加"学生"和"奖学金"表,关闭"显示表"对话框;

(3) 点击"学生"表的"学号"字段,拖动到"奖学金"表的"学号"字段,建立两张表的联接;

(4) 在查询设计视图中,依次选择"学号"、"姓名"、"籍贯"、"奖励类别"及"奖励金额"字段;

(5) 在"籍贯"字段的"条件"行输入"江苏",在"奖励类别"字段的"条件"行输入"校长奖",在"奖励金额"的"排序"行选择"降序";

(6) 单击工具栏上的"!"按钮,查看查询结果;

（7）关闭设计窗口，根据提示保存为"CX2"。

3. 保存数据库"学生管理. MDB"。

实验八

1.（1）双击"在设计视图中创建查询"，打开查询设计视图；

（2）添加"学生"和"奖学金"表，关闭"显示表"对话框；

（3）点击"学生"表的"学号"字段，拖动到"奖学金"表的"学号"字段，建立两张表的联接；

（4）在查询设计视图中，依次选择"学号"、"姓名"、"奖励类别"和"奖励金额"字段，设置为"显示"，选择"性别"字段，设置为"不显示"；

（5）在"奖励金额"的"条件"行输入"＞500"，在"奖励金额"字段的"排序"行设置为"降序"；

（6）在"性别"字段的"条件"行输入"男"；

（7）单击工具栏上的"！"按钮，查看查询结果；

（8）关闭设计窗口，根据提示保存为"CX1"。

2.（1）双击"在设计视图中创建查询"，打开查询设计视图；

（2）添加"报名"表，关闭"显示表"对话框；

（3）单击工具栏上的"∑"按钮，显示"总计"行；

（4）在查询设计视图中，依次选择"准考证号"、"校区"和"准考证号"字段；

（5）将第一个"准考证号"更改为"语种代码:MID(准考证号,4,3)"，在该字段的"总计"行选择"分组"，将第二个"准考证号"更改为"人数:准考证号"，在该字段的"总计"行选择"计数"，在该字段的"条件"行输入"＜100"；

（6）单击工具栏上的"！"按钮，查看查询结果；

（7）关闭设计窗口，根据提示保存为"CX2"；

3. 保存数据库"学生管理. MDB"。

附录3　主要参考资料

［1］张福炎,孙志挥. 大学计算机信息技术教程. 第 5 版修订本. 南京:南京大学出版社,2011

［2］王必友,张明,蔡绍稷. 大学计算机信息技术实验指导. 第 5 版修订本. 南京:南京大学出版社,2011

［3］张效祥. 计算机科学技术百科全书. 第 2 版. 北京:清华大学出版社,2005

［4］谢希仁. 计算机网络. 第 5 版. 北京:电子工业出版社,2009

［5］网站:中国科普博览——电信博物馆(http://www. kepu. net. cn/gb/technology/tele-com/index. html)

［6］网站:维基百科全书(http://zh. wikipedia. org/wiki/)

［7］网站:美国英特尔公司(http://www. intel. com)

［8］网站:微软中国官方网站(http://www. microsoft. com/china/)

［9］江苏省高等学校计算机等级考试中心. 一级考试试卷汇编(计算机信息技术). 苏州:苏州大学出版社,2011

［10］Gary B. Shelly,Thomas J. Cashman, Misty E. Vermaat. Discovering Computers 2006:A Gateway to Information. Course Technology,2005

［11］June Jamrich Parsons, Dan Oja. 计算机文化. 第 10 版. 吕云翔,等,译. 北京:机械工业出版社,2008

［12］Brian K. Williams,Stacey C. Sawyer. 信息技术教程. 第 7 版. 冯飞,等,译. 北京:清华大学出版社,2009

［13］王珊,萨师煊. 数据库系统概论. 第 4 版. 北京:高等教育出版社,2008